Discovery EDUCATION

맛있는 과학

디스커버리 에듀케이션
맛있는 과학-10 속력과 교통수단

1판 1쇄 발행 | 2011. 11. 4.
1판 6쇄 발행 | 2019. 4. 27.

발행처 김영사 | **발행인** 고세규
편집 김지아
등록번호 제 406-2003-036호 | **등록일자** 1979. 5. 17.
주소 경기도 파주시 문발로 197 (우10881)
전화 마케팅부 031-955-3100 | **편집부** 031-955-3113~20 | **팩스** 031-955-3111

값은 표지에 있습니다.
ISBN 978-89-349-5264-0 64400
ISBN 978-89-349-5254-1 (세트)

좋은 독자가 좋은 책을 만듭니다.
김영사는 독자 여러분의 의견에 항상 귀 기울이고 있습니다.
독자의견전화 031-955-3139
전자우편 book@gimmyoung.com
홈페이지 www.gimmyoungjr.com | 어린이들의 책놀이터 cafe.naver.com/gimmyoungjr

어린이제품 안전특별법에 의한 표시사항
제품명 도서 **제조년월일** 2019년 4월 27일 **제조사명** 김영사 **주소** 10881 경기도 파주시 문발로 197
전화번호 031-955-3100 **제조국명** 대한민국 **⚠주의** 책 모서리에 찍히거나 책장에 베이지 않게 조심하세요.

최고의 어린이 과학 콘텐츠

디스커버리 에듀케이션 정식 계약판!

Discovery EDUCATION

맛있는 과학

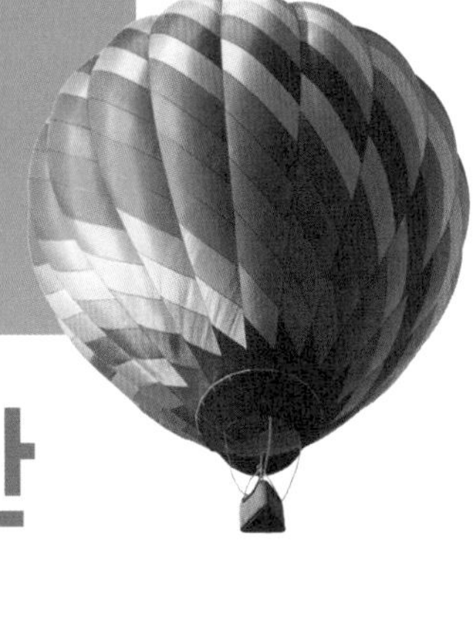

10 | 속력과 교통수단

박현 글 | 문미경 그림 | 류지윤 외 감수

주니어김영사

차례

1. 속력과 속도

2. 속력

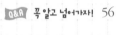

3. 속도

4. 교통수단의 발전

관련 교과

초등 5학년 2학기 **8. 에너지**
중학교 1학년 **7. 힘과 운동**
중학교 3학년 **2. 일과 에너지**

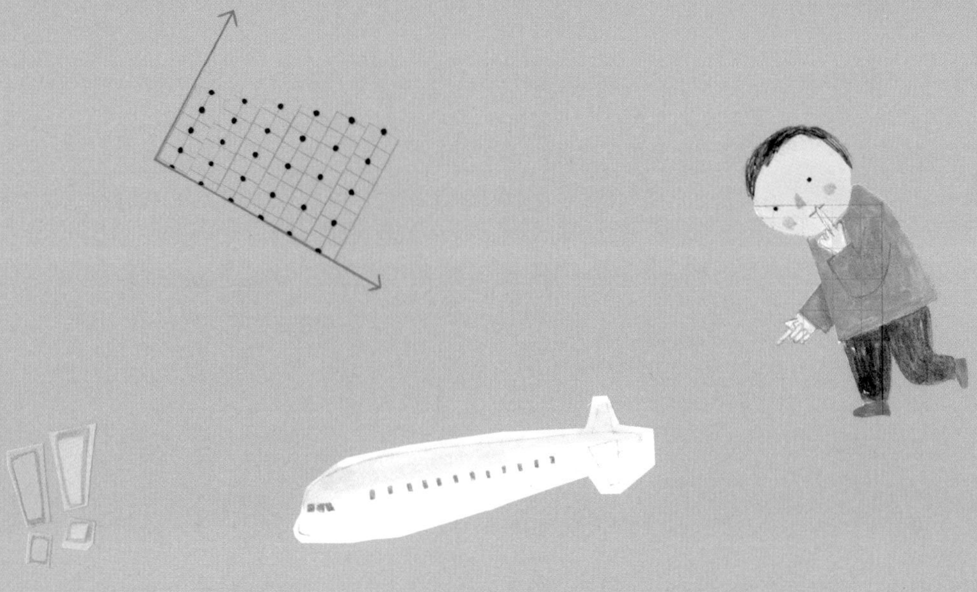

1. 속력과 속도

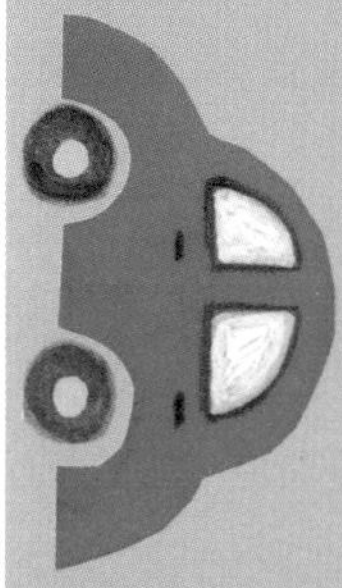

속력과 속도에 대해서 들어본 적 있나요? 속력과 속도는 우리가 빠르기를 이야기할 때 자주 쓰는 표현이에요. 두 단어는 비슷하게 들리지만 숨어 있는 과학적 의미는 매우 다르답니다. 속력과 속도는 어떤 공통점과 차이점이 있는지 자세하게 알아보도록 해요.

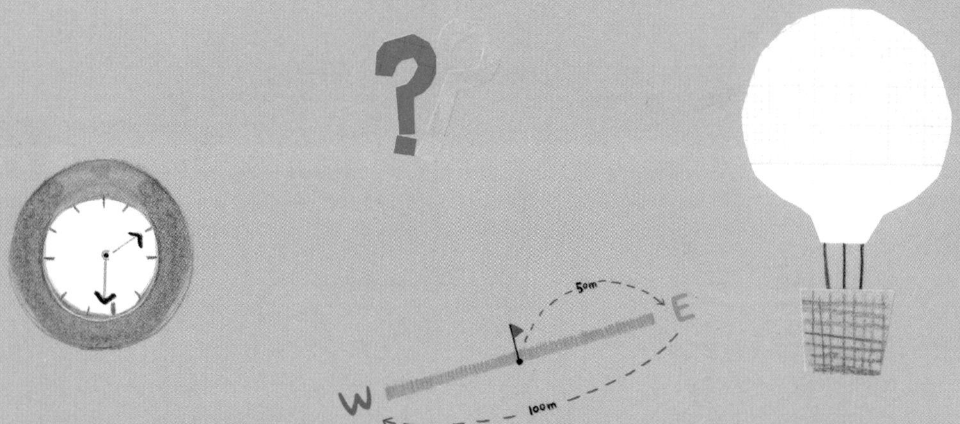

빠르기의 과학적 표현

“원숭이 엉덩이는 빨개. 빨가면 사과, 사과는 맛있어. 맛있으면 바나나, 바나나는 길어. 길면 기차, 기차는 빨라. 빠르면 비행기, 비행기는 높아. 높으면 백두산.”

어렸을 때 친구들과 함께 이 노래를 불러 본 적 있나요? 노랫말을 자세히 살펴보면 기차도 빠르지만 비행기가 더 빠르다고 표현하고 있어요.

이번에는 노랫말 대신 우리가 평소에 쓰는 말로 비행기와 기차의 빠르기를 표현해 볼까요?

"비행기가 기차보다 빠르다."

우리는 흔히 이렇게 표현하지요. 그러면 이제 일상에서 흔히 쓰는 말이 아닌 과학적 표현으로 비행기와 기차의 빠르기를 비교해 보도록 해요.

비행기 속도가 기차 속도보다 빠르다.
비행기 속력이 기차 속력보다 빠르다.

어떤 표현이 과학적으로 올바를까요? 속력과 속도는 뜻이 같을까요? 여러분도 저 거북처럼 궁금하지 않나요?

지금부터 과학에서 말하는 속력과 속도가 무엇인지 알아보고, 공통점과 차이점도 알아봐요. 어떤 경우에 속력이란 말을 쓰는지, 어떤 경우에 속도란 말을 쓰는지 살펴보면, 속력과 속도를 구분해서 사용하는 이유를 알 수 있을 거예요.

그러면 이제 속력과 속도에 대한 호기심을 해결하러 떠나요.

속력과 속도는 다른 말이에요

먼저 속력에 대해서 알아보기로 해요. 속력은 무엇일까요?

아직 여러분은 '에이, 속력과 속도는 둘 다 빠르기를 나타내는 말 아니야?'라고 생각할 수 있어요. 비슷한 두 개념에 대해 구체적으로 아주 천천히 생각하면서 접근해 보아요. 건성건성 생각하면 이해도 되지 않고 헷갈리기만 할 테니까요.

친구들과 함께 횡단보도 앞에 서서 자동차가 지나가는 모습을 바라본다고 상상해 보세요. 횡단보도 앞에 서 있을 때는 항상 안전하게 찻길에서 떨

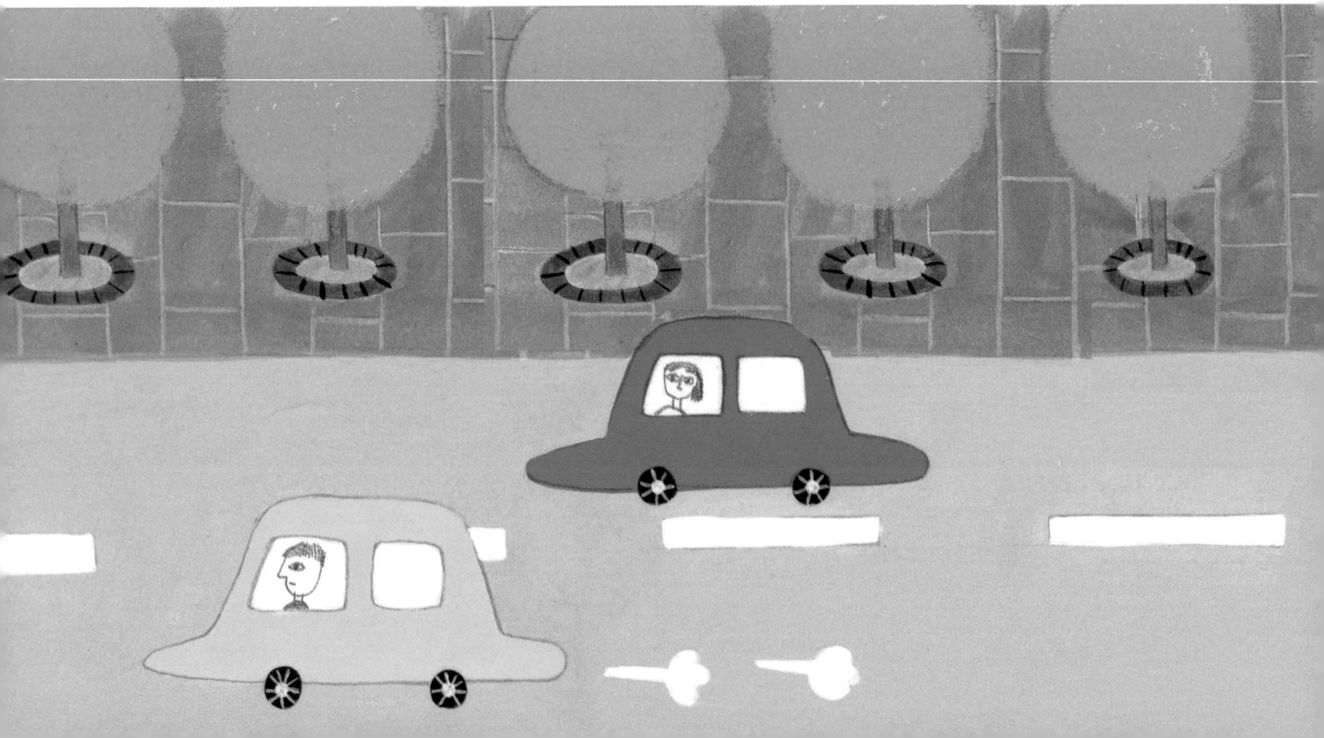

어져 있어야 한다는 사실도 명심해요.

아래 그림 같은 모습을 상상해 보았나요? 그림을 예를 들어서 빠르기를 설명해 볼게요. 노란색 자동차가 빨간색 자동차보다 앞에 있어서 우리는 노란색 자동차가 더 빠르다고 생각할 수 있어요.

이제는 빠르기를 과학적으로 표현해 볼까요? 과학적인 표현은 일상에서 쓰는 표현보다 구체적인 사실을 더 많이 포함하고 있어요. 객관적 사실이 포함된 진리와 과학 실험과 논리로 검증된 생각이 담겨 있지요. 이러한 과학적 표현에는 물리량으로 나타내야 하는 것이 있어요. 물리량이란 물질의 성질이나 상태를 나타내는 양을 말해요. 부피의 단위인 리터(L)와 밀리리터(mL), 질량의 단위인 킬로그램(kg)과 그램(g), 넓이의 단위인 제곱미터(m^2)와 제곱센티미터(cm^2) 등 우리가 수학 과목에서 계산하면서 사용했던

단위들도 모두 물리량이랍니다. 그렇다면, 자동차가 지나가는 모습을 물리량을 사용하여 과학적으로 표현해 볼까요?

'노란색 자동차의 속력이 빨간색 자동차보다 빠르다.'가 맞는 표현일까요? '노란색 자동차의 속도가 빨간색 자동차보다 빠르다.'가 맞는 표현일까요? 무엇이 맞는 표현인지 고개가 갸우뚱거려지지요?

속력과 속도를 단순하게 빠르기라고 생각하면, 두 가지는 비슷한 뜻이지만 사실 두 단어는 커다란 차이가 있답니다. 속력과 속도에는 전혀 다른 물리량 개념이 포함되어 있어요.

속도와 속력을 알기 전에 배워야 할 지식이 정말 많군.

그런데 이 두 가지 물리량을 제대로 알고 구분하기 위해서는 먼저 '빠르기와 방향'이라는 개념을 공부해야 해요. 빠르기와 방향을 제대로 알면, 속력과 속도에 대한 차이도 자신 있게 설명할 수 있답니다. 아직도 속력과 속도에 대한 설명은 등장하지 않았어요. 속력과 속도는 아주 중요한 개념이고, 다른 개념들과 폭넓게 연결되어 있어요. 그래서 두 개념을 이해하기 위해서는 먼저 알아야 할 배경지식이 많답니다.

지금부터 인내심을 가지고 속력과 속도를 이해하기 위한 지식을 공부해 보아요.

과학적 표현의 '운동'

다음 사진 속의 사람들을 자세히 살펴보세요. 그리고 사진 속의 상황을 말로 표현해 보세요.

과학의 물리량으로 표현할 때 1, 2, 3번 그림 가운데 '운동을 한다.'라고 말할 수 있는 사진은 무엇일까요? '운동을 한다'라고 표현할 수 있는 사진으로 2번을 고른 친구들이 많을 거예요. 여러분은 각 사진을 보고 어떻게 표현했나요?

1번 사진을 보고 '사람들이 빠르게 움직인다.', '사람들이 어딘가로 가고 있다.'라고 표현했나요? 2번 사진은 '선수들이 열심히 운동을 한다.'라고 표현한 친구들이 많을 테고, 3번 사진은 '한 아저씨가 열심히 일을 한다.' 라고 표현한 친구들이 많을 거예요.

우리는 일반적으로 2번 사진을 보고 '운동을 한다.'라고 표현해요. 몸의 일부분이나 몸 전체를 움직이면서 단련하는 일을 '운동'이라고 하지요. 하지만 과학적 물리량을 표현할 때 운동은 신체의 움직임만을 의미하지는 않아요. 과학에서 운동은 물체의 움직임이나 움직이는 현상, 움직이는 상태를 모두 포함하는 말이에요.

여기에서 표현하는 '물체가 운동한다.'라는 말은 위치가 바뀐다는 뜻이지요. 즉, 과학에서는 물체 또는 대상이 자신이 원래 유지하고 있었던 위치

운동은 몸을 움직일 때만 쓰는 말이라고 알고 있었어….
과학적 표현과 일반적 표현은 다른가 봐.
속력과 속도를 이해하려면 더 많이 공부해야겠어!

에서 다른 위치로 움직였을 때 '운동을 했다.' 또는 '운동을 한다.'라고 표현한답니다.

따라서 사진 1번, 2번, 3번은 모두 '운동을 한다.'라는 과학적 표현으로 설명할 수 있어요. 1번 사진에서는 사람들이 분주하게 움직이고, 3번 사진에서도 아저씨가 움직이고 있기 때문이지요. 과학에서 말하는 운동을 이해할 수 있게 되었나요?

그러면 이제 물체나 대상의 운동에 대해서 표현해 보도록 해요. 물체나 대상의 운동, 즉 위치의 변화를 표현하기 전에 반드시 생각해야 할, 두 가지 사항이 있어요. 이 두 가지는 매우 중요하므로 반드시 기억해야 한답니다. 바로 '빠르기와 방향'이에요. 어떤 물체나 대상이 움직일 때 우리가 이 운동을 표현하려면 이들이 어느 방향으로 얼마나 빠르게 움직이는지를 정확하게 알고 있어야 해요. 정확한 방향과 빠르기를 안다면 물체의 정확한 움직임을 알 수 있기 때문이지요.

이러한 물체나 대상의 움직임을 설명하기 위해서는 위치에 대한 개념도 잘 알고 있어야 해요. 본래 물체나 대상이 있었던 위치와 움직인 결과로 생긴 위치의 변화를 알아야 하기 때문이지요. '위치의 변화'는 다른 이름으로 '변위'라고도 한답니다. 변위에 대해서는 뒤에서 더 자세하게 알아보도록 해요.

변위

위치의 변화량을 말하지만 이동 거리하고는 다른 뜻이에요. 이동한 거리는 가는 길에 따라 달라지지만 변위는 그렇지 않습니다. 만약 학교에서 집으로 갈 때 먼 길로 돌아간다면 이동 거리는 더 길어지지만 변위는 바뀌지 않습니다. 위치가 얼마만큼 달라졌는지를 나타내는 개념이기 때문입니다.

위치의 변화와 빠르기

'나'의 위치와 '너'의 위치

이제 위치에 대해서 알아볼까요? 위치는 대상과 보는 관점에 따라서 다르게 표현돼요. 학교 교실에서 나의 위치를 다른 친구들에게 설명해 볼까요?

아래 그림처럼 교실에는 교탁과 책상이 있고 선생님과 친구들 그리고 내가 있어요. 각각의 자리에서 '나'의 위치를 한번 설명해 볼까요? 내가 설명하는 나의 위치와 친구 A, B가 설명하는 나의 위치 그리고 선생님이 설명하는 나의 위치는 모두 다르겠지요?

선생님 위치에서 보면 선생님 왼쪽 앞에 친구 A가 있어요. 친구 B는 왼

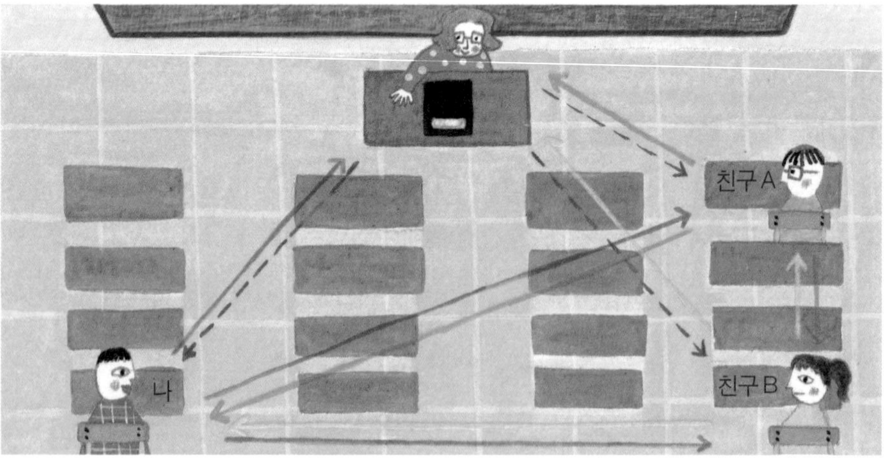

쪽 맨 뒤에 있고, 나는 오른쪽 뒤에 앉아 있는 학생이지요. 이번에는 친구 A의 위치에서 설명해 볼까요? 친구 A가 보기에 나는 뒤쪽 대각선 끝에 있고, 친구 B는 뒤쪽 끝에 앉아 있어요. 그러면 내가 보는 친구들과 선생님의 위치는 어떤가요? 오른쪽 끝에는 친구 B가 있고, 친구 A는 오른쪽 제일 앞에 앉아 있지요. 또한 선생님은 앞쪽 교탁 뒤에 서 있고요.

나의 위치와 친구들의 위치, 선생님의 위치는 보는 사람의 위치에 따라 모두 다르게 표현되었어요. 이렇게 위치는 기준이 되는 점이 변하면 표현 방법이 달라지기 때문에 위치를 표현할 때에는 기준점을 확실하고 분명하게 나타내야 해요.

위치는 기준점을 확실히 정한 뒤 물체를 보았을 때, 그 물체가 어느 방향

반기문 유엔 사무총장을 기준점으로 하면 버락 오바마 미국 대통령이 왼쪽에, 영부인인 미셸 오바마가 오른쪽에 있지만 사진을 보는 우리를 기준점으로 하면 반대가 된다.

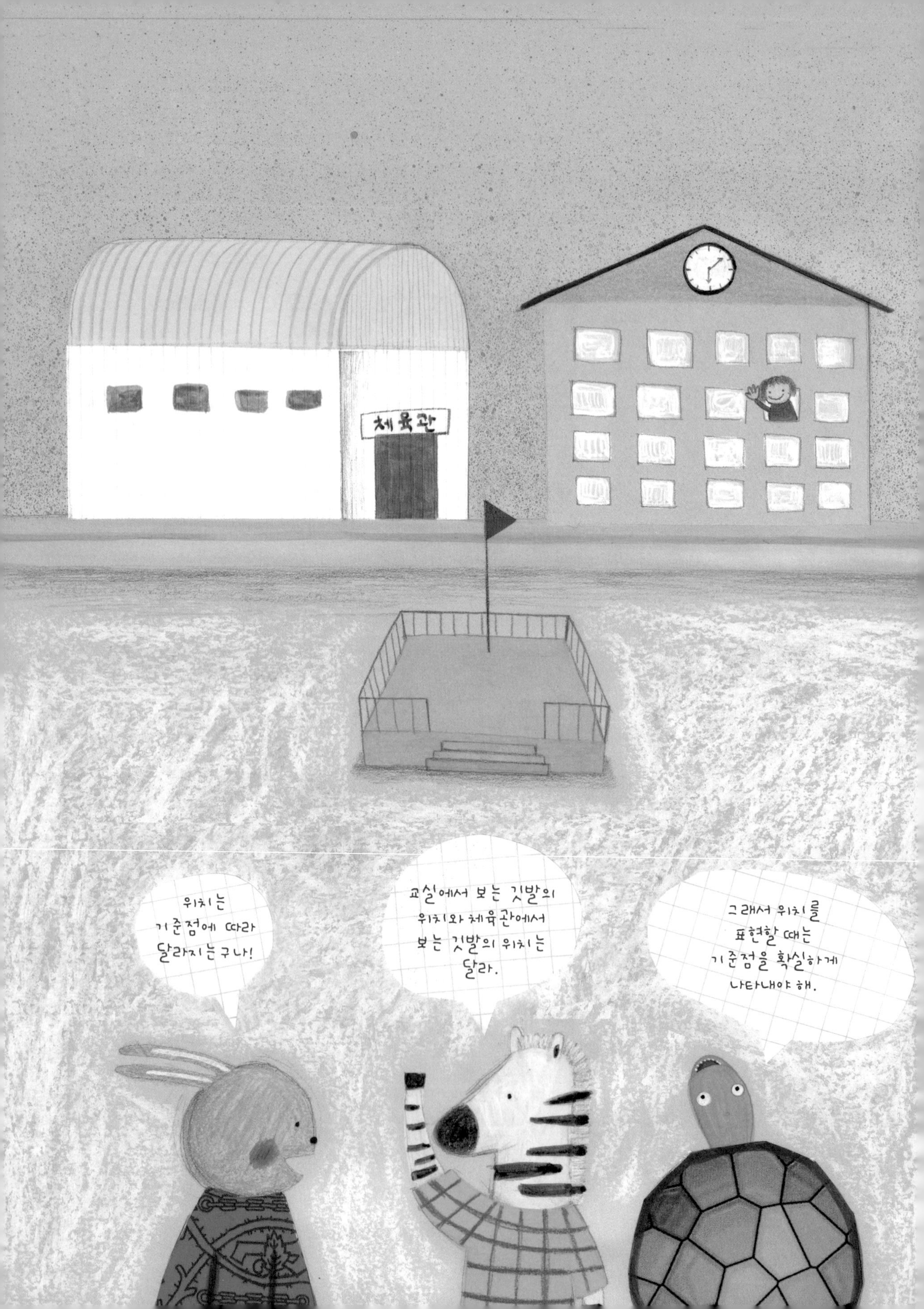
체육관
위치는 기준점에 따라 달라지는구나!
교실에서 보는 깃발의 위치와 체육관에서 보는 깃발의 위치는 달라.
그래서 위치를 표현할 때는 기준점을 확실하게 나타내야 해.

으로 얼마만큼 떨어져 있는지를 직선거리와 방향으로 표현한답니다.

이렇게 확실한 기준점이 정해진 후에 물체의 움직임을 설명할 수 있는 개념이 빠르기와 방향이에요. 빠르기와 방향은 물체가 얼마만큼의 힘으로, 어디로 움직였는지를 나타내지요. 빠르기와 방향을 표현할 때에는 기준점의 위치를 중심으로 과학적으로 측정할 수 있는 물리량으로 나타내야 해요. 이 부분에 대해서는 뒷부분에서 점차 구체적으로 공부하게 될 거예요.

롤러코스터

여러분은 친구들과 소풍을 가거나, 놀러 갈 때 주로 어디를 가나요? 또 어디를 좋아하지요? 탈것과 볼거리가 많은 놀이공원을 좋아하는 친구도 있을 거예요. 놀이공원에 가면 놀이 기구도 타고 각종 공연과 행사도 구경하면서 즐거운 시간을 보내지요. 롤러코스터, 회전목마, 독수리 열차 등 많

은 놀이 기구 가운데 무엇을 가장 좋아하나요? 그러면 이제부터 놀이공원에 갔었던 경험을 떠올리거나 상상해 볼까요?

저멀리 빠르게 내려오는 롤러코스터가 보이네요. 친구들과 함께 "와!" 하고 소리를 지르며 신 나게 달려갔어요. 줄이 길었지만 놀이공원에 왔으니 롤러코스터를 빠뜨릴 수 없어요. 이렇게 재미있는 롤러코스터는 어떤 특징이 있을까요? 롤러코스터는 정해진 시간마다 운행되며 매우 빠른 속도로 움직여요. 달칵달칵 소리를 내면서 천천히 올라가기도 하고 '쌩' 하면서 빠른 속도로 무섭게 내려오기도 하지요. 천천히 올라갈 때는 심장이 두근두근 터질 듯 긴장이 돼요. 무서운 속도로 내려올 때는 눈을 감았는지, 소리를 질렀는지, 옆에 탄 친구는 어떤 표정을 지었는지 알 수 없을 만큼 눈 깜짝할 사이에 내려와 버리지요. 긴장되고 무섭지만 한번 타 보면 다시 또 타고 싶을 정도로 재미있어요. 이런 롤러코스터는 어떻게 움직일

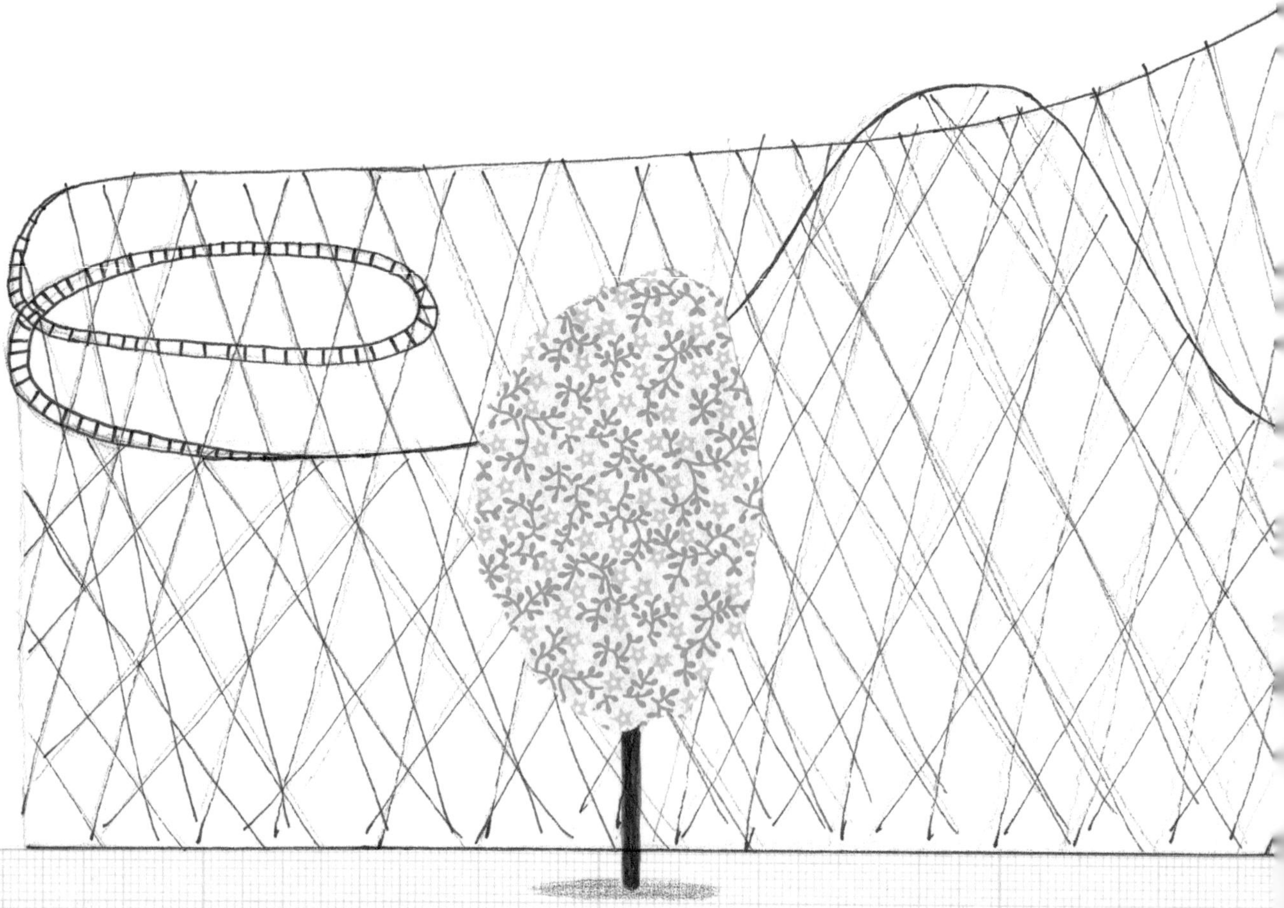

갑자기 빨라지는 위치가 아까랑 똑같네?
롤러코스터는 미리 계산해 놓은 빠르기와 방향대로 움직이니까 그렇지.

롤러코스터는과학적으로 계산된 빠르기와 방향으로 움직인다. ⓒ Paul Stein(PaulS@flickr.com)

까요?

롤러코스터는 움직이면서 빠르기가 달라지지만, 운행될 때마다 빠르기가 달라지는 지점은 항상 같답니다. 각 지점마다 정해진 과학적 규칙에 따라 미리 계산해서 입력해 놓은 빠르기와 방향으로 움직이지요. 이렇게 정해진 빠르기와 방향대로 움직이는 롤러코스터의 빠르기는 우리 눈으로 정확히 알아내기 어렵답니다.

얼마만큼 이동했을까요?

물체나 대상이 움직이는 상태인 운동을 과학적 물리량으로 효과적으로 표현하기 위해서는 기준이 되는 위치에서 빠르기와 방향을 알아야 해요. 기준점, 빠르기, 방향이 속력을 표현하는 중요한 내용이기 때문이지요.

한 걸음 더 나아가 생각하면 이동 거리와 시간이라는 과학적 개념에 대해서도 알아야 해요. 지금부터 이동 거리와 시간에 대해서 좀 더 쉽게 접근해 볼까요?

과학적 표현으로 '정지한다.', '정지해 있다.'라는 말은 어떤 물체나 대상이 시간이 아무리 흘러도 원래 있던 위치가 변하지 않는다는 뜻이에요. 반대로 '운동한다.', '운동을 하고 있다.'라는 표현은 운동하고 있는 물체나 대상이 시간이 흐르는 동안 특정한 규칙에 따라서 이동하여 위치가 처음 위치와는 달라진다는 뜻이지요.

'정지해 있다.'라는 과학적 표현은 대상이 시간이 지나도 원래 있던 위치가 변하지 않는다는 뜻이다.
ⓒ Steve Punter(Southbank steve@flickr.com)

물체나 대상이 운동을 하면서 움직인

모든 경로의 길이를 이동 거리라고 해요. 위치가 변하는 모든 경로의 길이를 더하면 이동 거리가 되지요. 앞에서 잠깐 언급했던 변위는 위치의 변화를 뜻해요. 처음 위치와 움직인 결과로 생긴 마지막 위치의 차이가 바로 변위이지요. 그림을 통해 이동 거리에 대해 자세하게 알아볼까요?

그림 1을 천천히 살펴보세요. 집에서 출발해서 친구 집에 들렀다가 학교에 도착했다면, 이동 거리는 얼마일까요? 앞서 이야기한 '이동 거리'의 뜻

그림 1

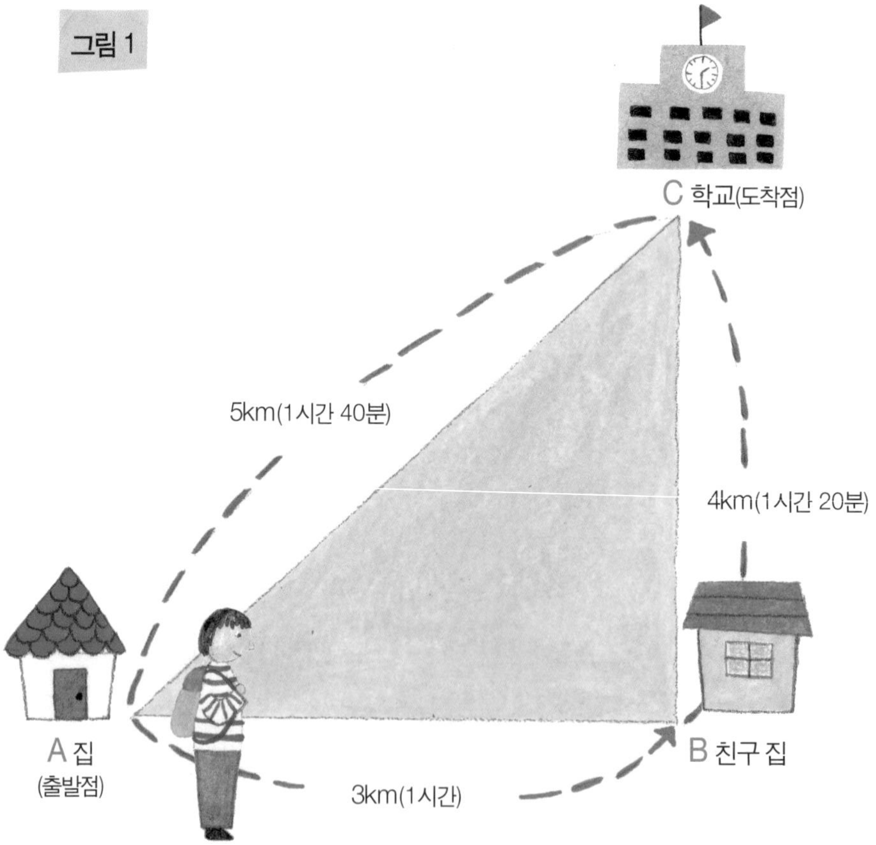

그림 2

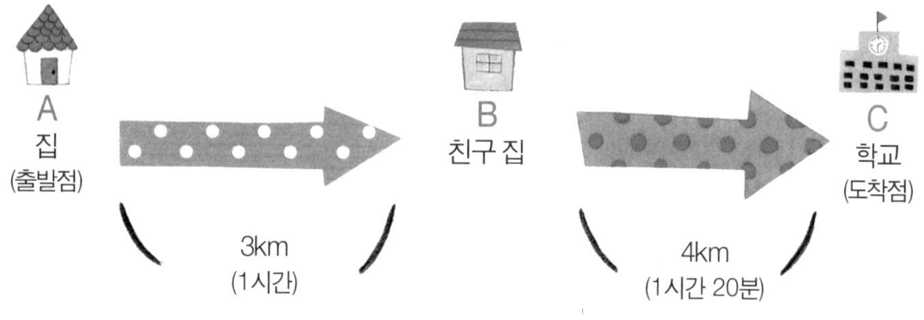

을 떠올리며 생각해 보아요.

먼저 출발점 A와 도착점 C 사이의 거리를 피타고라스의 정리를 이용해서 알아볼까요? 피타고라스의 정리를 몰라도 걱정하지 마세요. 중학교에 가면 차차 배우게 돼요. 여기에서는 잘 읽어 두기만 하세요. 피타고라스의 정리는 '직각 삼각형의 양쪽 두 변의 제곱의 합은 빗변의 제곱의 합과 같다.'이에요. 피타고라스의 정리대로 위 삼각형의 양쪽 두 변을 제곱하여 합한 후에 빗변의 합을 구해 보았어요. $3^2+4^2=25$이고, $25=5^2$이니까 A와 C 사이의 거리는 5㎞가 되지요. 출발점과 도착점의 사이의 거리가 5㎞라는 사실은 알았지만 우리는 실제 이동한 거리를 생각해 보아야 해요. 실제로 학교에 가기 위해, 친구 집을 먼저 들렀으니까 A에서 B까지의 거리인 3㎞와 B에서 C까지의 거리인 4㎞를 움직였어요. 따라서 이동한 거리는 총 7㎞예요. '이동 거리'란 실제로 이동한 거리를 의미해요. 그러므로 그림에서 학생의 이

피타고라스
Pythagoras

고대 그리스의 종교가·철학자·수학자입니다. 만물의 근원을 수라고 생각했습니다. '피타고라스의 정리'를 처음으로 정리했고, 오랫동안 많은 나라의 수학자들이 그 증명법을 연구하고 발전시켰습니다. 피타고라스의 수학 연구는 플라톤, 유클리드를 거쳐 근대에까지 영향을 미치고 있습니다.

고대 그리스의 철학자·수학자·종교가였던 피타고라스.

동 거리는 7㎞라고 표현해야 하지요.

그림 2도 살펴볼까요? 그림 2에서도 A(집)에서 B(친구 집)로 이동한 후, C(학교)로 움직였어요. 그러므로 이동 거리는 3㎞와 4㎞를 합한 7㎞랍니다.

그런데 여기에서 우리가 또 하나 생각해 보아야 할 사실이 있어요. 결과만 놓고 보면 그림 1에서 A(집)에서 B(친구 집)를 거쳐 C(학교)로 움직인 것과 A(집)에서 바로 C(학교)로 움직인 것이 같아요. 그렇다면 A(집)에서 C(학교)까지의 변화된 위치인 5㎞는 무엇으로 표현할 수 있을까요?

바로 변화된 위치를 표현하는 과학 개념인 '변위'로 설명한답니다. 물체

나 대상이 실제 이동한 거리(A→B→C)는 '이동 거리'라고 하고 물체의 변화된 위치(A→C)는 '변위'라고 하지요. 이제 이동 거리와 변위를 이해할 수 있나요?

위치 변화에 따른 거리의 표현에 대해서는 우리가 이해하기 조금 어려운 부분이 있지만, 시간은 그보다 간단하게 설명할 수 있어요. 걸린 시간이란 출발점에서 도착점으로 이동하는 데 걸린 총시간을 의미해요. 따라서 A에서 C까지 가는 데 걸린 총시간은 1시간과 1시간 20분을 합한 2시간 20분이 돼요. 그림 2에서 걸린 시간 역시 1시간과 1시간 20분을 합한 2시간 20분이랍니다.

이동 거리와 변위,
걸린 시간이
무엇인지 알아야
속력을 배울 수
있어.

토끼와 거북 중에 누가 빠를까요?

앞에서 우리는 위치와 이동 거리, 그리고 걸린 시간에 대해서 알아 보았어요. 이러한 개념을 바탕으로 이제부터는 움직이는 두 물체나 대상의 빠르기를 비교하려고 해요. 그런데 빠르기를 표현하기 위해서 우리는 왜 위치와 이동 거리 그리고 걸린 시간에 대해서 생각해 보아야 할까요? 빠르기와 이들 세 가지 개념 사이에는 어떤 관계가 있을까요?

먼저 우리가 어렸을 때 읽었던 《토끼와 거북》을 떠올려 보세요. 토끼와 거북이 경주하고 있는 모습을 상상해 볼까요? 누가 더 빠르다고 생각되나요? 우리가 알다시피 토끼가 더 빠르지요. 하지만 토끼가 얼마나 빠른지 또 거북이 얼마나 느린지를 정확하게 표현하기에는 부족한 점이 있어요. 게다가 이야기를 잘 생각해 보면 토끼와 거북의 속력을 객관적으로 비교하기가 어렵다는 사실을 알 수 있답니다.

둘은 동시에 경주를 시작했지만 결정적으로 '언제까지 들어온다.'라는 약속을 하지는 않았기 때문에 속력을 이야기할 때 중요한 개념인 시간이 빠져 있었어요. 따라서 둘의 빠르기를 비교하기가 어렵지요. 이 경주가 단순하게 이동 거리나 변위를 비교하는 경기였다면 아마도 토끼와 거북은 무승부였을 거예요. 토끼가 낮잠을 자서 거북보다 결승점에 늦게 들어왔지만, 결과적으로 출발점과 결승점의 차이만 비교해 본다면 토끼와 거북

너에게 진 이후에 사람들은 내가 빠르지 않다고 생각하는 것 같아. 거북아, 우리 한 번 더 경주하면 안 될까?
나보다 빠르다는 걸 보여 주기 위해서는 알아야 할 과학 조건이 세 가지 있어. 그걸 모른다면 아마도 넌 경주에서 또 지게 될 거야.

은 이동 거리와 변위가 같기 때문이지요. 이야기 속에서는 낮잠을 잔 토끼보다 먼저 들어온 거북이 이겼다고 되어 있지만, 만약에 이동 거리나 변위를 비교한다는 조건이 있었다면 결과는 무승부였다고 내용이 바뀌었을 것이에요. 혹은, 정해진 시간 안에 들어와야 한다는 조건이 있었다면 토끼가 게으름을 부리며 낮잠을 자지 않고 시간 내에 와서 거북을 이겼을 수도 있지요.

이야기에서는 단순히 거북이 먼저 들어왔기 때문에 거북이 이긴 것으로 표현하고 있지만, 과학에서는 특정 조건에 따라 여러 가지 표현이 가능해요. 그 표현들은 서로 다른 결과를 의미한답니다. 따라서 빠르기를 비교하기 위해서는 앞서 설명한 위치와 이동 거리 그리고 시간이 매우 중요해요.

빠르기를 비교해 보아요

지난 2008년 베이징 올림픽을 기억하나요? 많은 선수들이 최선을 다하는 멋진 모습으로 온 국민을 기쁘게 해 주었지요. 우리는 각 종목의 경기에서 우리나라를 대표하는 선수들을 열렬히 응원했고, 좋은 성과를 낸 선수들은 인기를 얻기도 했어요. 특히 수영 종목의 박태환 선수는 큰 주목을 받았어요. 박태환 선수는 수영 남자 자유형 400m 결승 경기에서 3분 41초 86을 기록하면서 당당하게 금메달을 따냈지요.

그동안 신체적, 체력적 조건이 불리하여 수영 종목에서 약한 모습을 보

수영 경기는 일정한 거리를 정해 놓고 빠르기를 비교하여 순위를 정한다. ⓒ whyohgee@flickr.com

영법

헤엄치는 방법으로 다리 동작, 팔 동작, 호흡으로 이루어져 있습니다. 수영 경기를 할 때 영법으로는 크롤·평영·배영·접영 이렇게 네 가지가 있습니다. 평영은 개구리처럼 물과 수평을 이루어 팔다리를 오므렸다가 펴는 수영법입니다. 접영은 손을 동시에 앞으로 뻗치고 발등으로 물을 치면서 나아가는 수영법이고, 배영은 위를 향하여 누워 양팔을 회전하는 수영법입니다. 크롤은 어느 영법보다도 빠르기 때문에 영법을 자유롭게 선택할 수 있는 자유형 경기에 쓰입니다.

이던 우리나라에게는 매우 값지고 감동적인 선물이었어요. 스포츠 종목으로서 수영 경기는 일정한 거리(400m, 200m 등)를 정해진 영법으로 헤엄치는 데 걸린 시간을 측정하여 빠르기를 비교하고, 시간이 적게 걸린 순서대로 순위를 결정하는 운동 경기입니다.

스포츠 종목 중 수영처럼 정해진 거리를 통과하는 시간을 기록하여 누가 빠른지 순위를 정하는 종목에는 또 무엇이 있을까요? 바로 육상이지요. 육상 역시 정해진 거리를 달리는 데 걸리는 시간을 측정하는 종목이랍니다. 그렇기 때문에 육상도

마라톤은 42.195㎞를 달려 빠르기를 비교하고 순위를 정한다.
ⓒ Ardfern@the Wikimedia Commons

포뮬러 원 자동차는 시속 350킬로미터까지 달릴 수 있다. ⓒ Jaffa The Cake@flickr.com

100m, 200m, 마라톤 등 다양한 거리의 하위 종목으로 나뉘어 있지요. 이런 육상, 수영 선수들은 정해진 거리를 이동하는 데 걸리는 시간을 0.1초, 0.01초라도 줄이기 위해서 매일 땀을 흘리며 연습을 하고 있답니다.

운동 경기 외에 우리는 또 무엇을 보며 빠르기를 비교할 수 있을까요? 형형색색 멋진 스포츠카를 타고, 헬멧을 쓴 자동차 경주 선수들을 본 적 있나요? 화려한 자동차 경주를 볼 때도 빠르기를 비교할 수 있어요. 텔레비전이나 경기장에서 자동차 경기를 보면 "멋진 경주용 자동차들이 시속 130㎞의 속력으로 달리고 있습니다."와 같은 진행자의 표현을 들을 수 있어요. 시속 130㎞라는 말은 자동차가 한 시간 동안 130㎞를 갈 수 있다는 뜻이랍니다.

그런데 우리가 자동차 경주를 실제로 보기는 어려워요. 하지만 우리 가까이에서도 빠르기를 비교할 수 있는 일이 많답니다. 가족들과 멀리 여행을 갈 때 주로 어떤 교통수단을 이용하나요? 경우에 따라 다르겠지만 기차

우리나라 고속 철도 KTX의 최고 속력은 시속 300㎞이다. ⓒ iGEL@the Wikimedia Commons

를 타는 경우가 많을 거예요. 도로 사정에 따라 걸리는 시간이 바뀌는 자동차와 달리 기차를 타면 정해진 거리를 일정한 시간 동안 이동할 수 있어서 많은 사람들이 이용한답니다. 여러분은 기차를 예약해 본 적이 있나요? 기차는 걸리는 시간과 속도에 따라 여러 가지 종류가 있어요. 매우 빠른 속도로 달리는 고속철도 KTX와 그보다는 느린 새마을호와 무궁화호가 있지요. 기차의 종류에 따라 걸리는 시간과 정차역이 정해져 있어요.

빠르기를 비교할 수 있는 교통수단은 기차 외에도 많아요. 하늘을 나는 비행기와 제트기, 바다를 가로지르는 여객선과 잠수함 등 정말 많은 종류가 있답니다. 이러한 다양한 교통수단에 대해서는 4장에서 구체적으로 살펴보기로 해요.

지금까지 배운 내용을 정리해 볼까요?

우리는 앞에서 수영 경기에 대해 살펴보면서 빠르기는 이동한 거리와 걸린 시간의 비율로 계산한다는 사실을 알게 되었어요. 수영 경기는 같은 거리를 이동할 때 걸린 시간이 누가 짧은지를 비교해서 빠르기를 겨루는 시합이니까요.

그런데 빠르기를 이동 거리와 걸린 시간으로 계산하여 표현하기 위해서는 일정한 규칙이 필요해요. 다음 장부터는 빠르기를 효과적으로 계산하고 비교하기 위한 규칙들을 살펴보도록 해요.

Q&A 꼭 알고 넘어가자!

문제 1 '운동을 한다.'라는 표현을 일상적으로 쓰는 말이 아닌, 과학적 개념으로 사용한다면 의미는 어떻게 달라질까요?

문제 2 물체나 대상의 운동을 표현하는 데 반드시 생각해야 할 사항은 무엇인가요?

3. 롤러코스터는 지점에 따라 빠르기가 다르지만 운행될 때마다 빠르기가 달라지는 지점은 항상 같답니다. 각 지점마다 정해진 과학적 규칙이 있기 때문이지요. 정해진 지점 사이에서는 미리 계산해서 입력해 놓은 일정한 빠르기와 방향으로 움직인답니다.

4. 토끼의 이동 거리는 실제 움직인 거리이므로 150m예요. 하지만 변위는 150m가 아니랍니다. 처음 위치를 0이라고 하면 토끼가 도착한 위치는 서쪽으로 50m 이동한 곳이지요. 변위는 처음에 있던 곳과 도착점의 위치만 보기 때문에 50m가 된답니다.

문제 3 우리가 놀이공원에 가서 재미있게 타는 롤러코스터는 어떻게 움직일까요?

문제 4 토끼가 동쪽으로 50m 걸어간 다음에 서쪽으로 100m 뛰어갔다면 처음 있던 곳을 기준으로 이동 거리와 변위는 어떻게 달라졌을까요?

정답

1. 과학적 표현에서 '운동을 한다.'라는 말은 위치가 바뀐다는 뜻이에요. 과학에서는 물체 또는 대상이 자신이 원래 있던 위치에서 다른 위치로 움직였을 때에 '운동을 했다.' 또는 '운동을 한다.'라고 표현한답니다.

2. 물체나 대상의 운동을 표현하는 데는 반드시 생각해야 할 두 가지 사항이 있어요. 바로 '빠르기와 방향'입니다. 우리가 표현하려는 물체나 대상이 움직이고 있을 때, 이들이 어떠한 방향으로 얼마나 빠르게 움직이는지를 정확하게 알고 있어야 해요. 정확한 방향과 빠르기를 알아야 물체의 정확한 움직임을 알 수 있기 때문이에요.

관련 교과

중학교 1학년 7. 힘과 운동

중학교 3학년 2. 일과 에너지

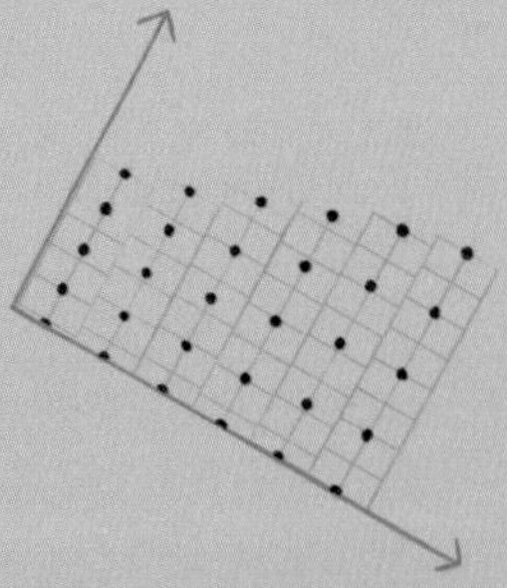

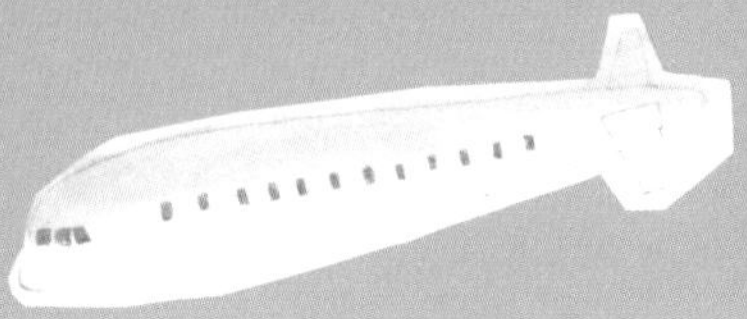

2. 속력

우리는 앞에서 빠르기, 방향, 이동 거리, 시간에 대하여 알아보았어요. 속력과 속도를 이해하려면 먼저 꼭 알고 있어야 하는 내용이에요. 이제 속력이 무엇인지 자세하게 알아보도록 해요. 속력은 이동 거리나 시간과 어떤 관계가 있을까요?

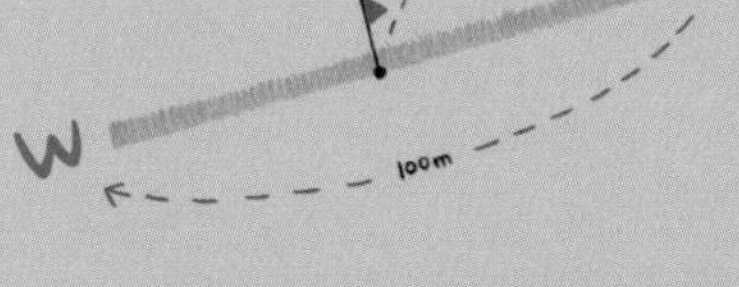

속력은 무엇일까요?

빠르기, 방향, 이동 거리, 시간 등에 대해서 알아보았으니, 이제 본격적으로 속력과 속도에 대해서 알아볼까요?

먼저 속력에 대해서 살펴보아요. 앞서 살펴본 빠르기를 이동 거리와 걸린 시간의 비율로 설명한 개념을 속력이라고 해요. 즉, 속력은 단위 시간 동안 물체가 이동한 거리를 말한답니다. 이동 거리를 걸린 시간으로 나눈 값이 바로 속력이지요. 여기에서 단위 시간이란 시간을 이야기할 때 기준이 되는 시간이에요.

$$\text{속력} = \frac{\text{이동 거리}}{\text{걸린 시간}}$$

앞에서 변위를 설명할 때 본 그림과 비슷한 예를 통해서 속력이 무엇인지 구체적으로 알아보도록 해요. 이번에는 계산도 함께해 보아요. 그림 1과 2는 한 학생이 자동차를 타고 A(집)에서 B(친구 집)를 거쳐 C(학교)까지 이동했을 때 걸리는 거리와 시간을 나타낸 거예요. A에서 C까지의 이동 거리와 속력을 구해 볼까요?

그림 1

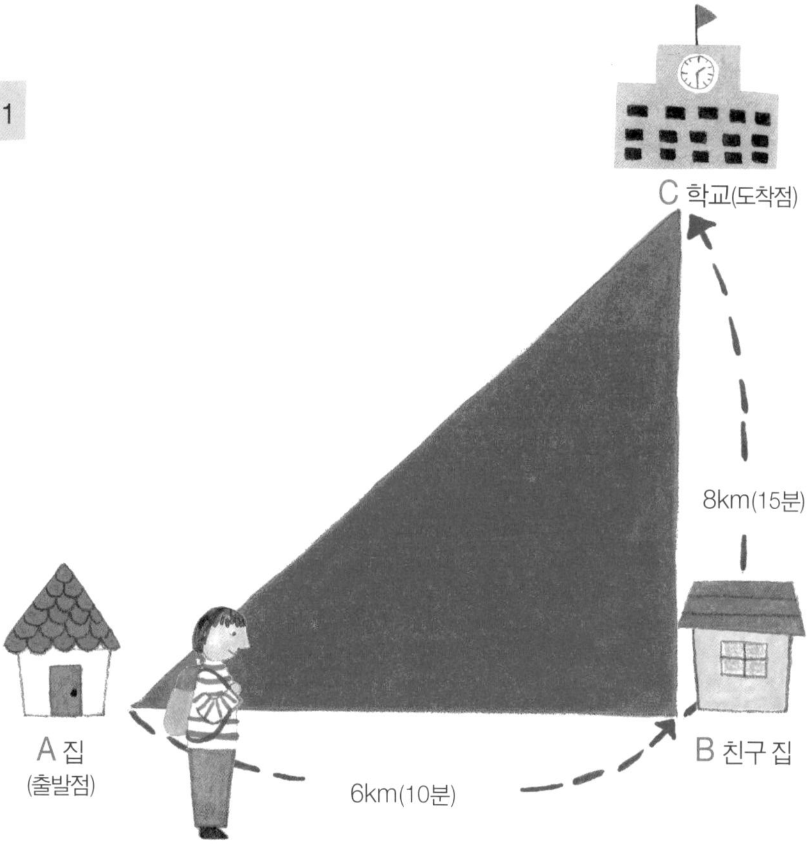

그림 2

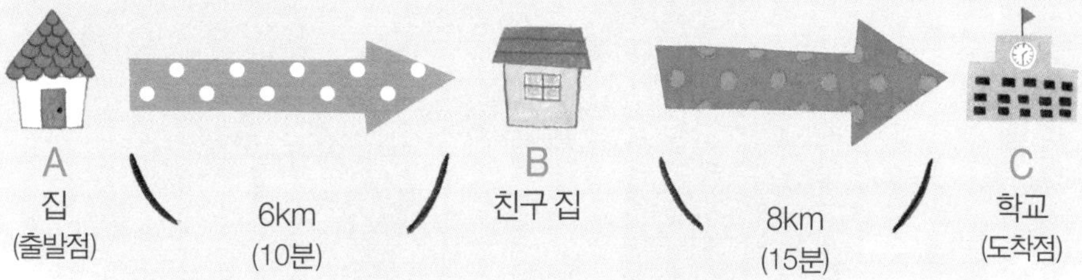

그림 1에서 A부터 C까지 이동 거리는 6km와 8km를 더한 14km예요. 걸린 시간은 10분과 15분을 합하여 25분이 되지요.

속력은 이동 거리와 걸린 시간의 비율로 나타내므로 다음과 같아요.

$$속력 = \frac{이동\ 거리}{걸린\ 시간} = \frac{14}{25} = 0.56(\mathrm{km}/분)$$

그림 2도 역시 같은 방법으로 나타낼 수 있답니다. 그림 2의 계산은 여러분이 직접 한번 해 보세요.

여러 가지 속력의 비교

움직이는 물체나 대상은 저마다 속력이 달라요. 아래 표에 동물과 우리가 이용하는 교통수단의 이동 거리와 걸린 시간을 표시해 두었어요. 속력을 구해서 빈 칸을 채워 보세요.

■ 동물과 교통수단의 이동 거리와 걸린 시간

	이동 거리	걸린 시간	속력
돌고래	160m	1분	
토끼	12m	1분	
개	20m	1분	
타조	18m	1분	
치타	20km	1시간	
말	30km	1시간	
개미	36m	1시간	
사람	8.8km	1시간	
자전거	16km	1시간	
자동차	72km	1시간	
기차	150km	1시간	
비행기	1,850km	1시간	

치타는 달리기에 적응되어 몸이 가늘고 길며 다리도 길다.
ⓒ flickrfavorites@flickr.com

속력을 쉽게 구할 수 있었나요? 물체나 대상의 속력을 계산할 때는 걸린 시간과 거리의 단위를 명확하게 표시해 주어야 해요.

시간의 단위가 명확하지 않고 1이라고만 표시되어 있다면 1시간이 걸렸다는 것인지, 1분이 걸렸다는 것인지 알 수 없어요. 거리도 마찬가지랍니다. 시

■ 동물과 교통수단의 속력

	이동 거리	걸린 시간	속력
돌고래	160m	1분	160m/min
토끼	12m	1분	12m/min
개	20m	1분	20m/min
타조	18m	1분	18m/min
치타	20km	1시간	20km/h
말	30km	1시간	30km/h
개미	36m	1시간	36m/h
사람	8.8km	1시간	8.8km/h
자전거	16km	1시간	16km/h
자동차	72km	1시간	72km/h
기차	150km	1시간	150km/h
비행기	1,850km	1시간	1,850km/h

간과 거리의 단위가 명확해야 속력을 비교할 수 있어요. 왼쪽 표를 보면서 동물과 교통수단의 속력을 단위에 주의하여 비교해 보세요. 그리고 속력이 가장 빠른 것이 무엇인지 친구들과 이야기해 보세요.

개미는 몸집이 작아 다른 동물과 교통수단에 비하면 매우 느린 편이다. ⓒ Erin Mills@the Wikimedia Commons

발자취를 추적해서 속력을 구해요

일정한 시간 동안에 움직인 거리를 연속해서 표시하고, 표시된 간격을 이용해서 물체의 속력을 구해 보세요. 움직이는 물체나 대상은 자국을 남긴답니다. 자동차가 지나간 뒤에는 길에 바퀴 자국이 남고 사람이나 동물이 지나간 뒤에도 길에 발자국이 남는답니다. 이런 자국을 이용하면 속력을 구할 수 있어요. 그럼 발자국의 간격과 속력은 어떤 관계가 있는지 알아볼까요?

물체나 대상이 빠르게 움직였다면 자국과 자국의 간격이 넓어요. 반대로 물체나 대상이 천천히 움직였다면, 자국 사이의 간격이 좁답니다. 이렇게 남아 있는 자국의 간격으로 빠르기를 짐작할 수 있어요. 하지만 정확한 속력을 이야기할 수는 없어요.

앞에서 배웠듯이 정확한 속력을 알기 위해서는 이동 거리와 걸린 시간을 알아야 하기 때문이지요.

C형 클램프

클램프는 공작물을 끼워서 고정하는 기구를 말합니다. 그중 C형 클램프는 활 모양의 본체에 나사가 부착되어 있는 공구입니다. 용접을 할 때나 구멍을 뚫을 때 보조 기구로 사용합니다.

물체가 움직이는 거리를 단위 시간마다 기록해서 빠르기를 계산하는 방법이 있어요. 시간기록계를 이용하는 것이지요. 시간기록계는 단위 시간마다 점을 찍어서 수레가 움직인 거리를 기록하는 장치랍니다. 시간기록계 실험을 하기 위해서는 시간기록계, 종이테이프, 자, 모눈종이, 가위 또는 칼, 풀 등이 필요해요. 그리고 시간기록계를 고정하기 위해서는 C형 클램프라는 도구도 필요하답니다. 실험할 장치가 준비된 친구들은 다음과 같은 순서로 실험을 해 보고, 장치가 없는 친구들은 그림을 통해 원리를 알아보아요.

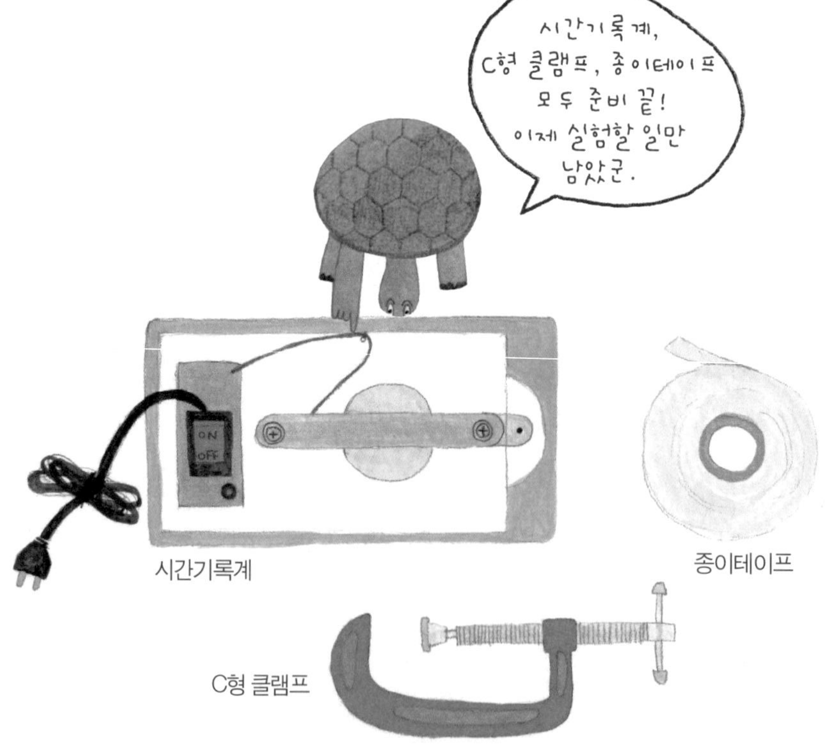

먼저 시간기록계에 대해서 자세히 알아볼까요? 시간기록계의 전기 코드 반대편에는 진동판이 있어요. 이 진동판은 일정하게 움직이도록 설정되어 있지요. 그리고 아래쪽에는 종이테이프를 끼워 넣을 수 있도록 되어 있어요. 시간기록계의 전원을 연결하면 진동판이 일정하게 떨리면서 그때마다 종이테이프에 점이 찍혀요. 이것을 타점이라고 해요.

종이테이프를 그대로 두면 같은 자리에 점이 찍혀요. 그러면 종이테이프를 잡아당겨 볼까요? 당겨진 종이테이프에 타점이 찍히게 돼요. 빠르게 잡아당기면 타점의 간격이 넓어지고 느리게 잡아당기면 타점의 간격이 좁아지지요.

이 타점들을 이용하면 걸린 시간을 계산할 수 있답니다. 종이테이프에 찍힌 각 타점들은 같은 시간을 사이에 두고 찍혔기 때문이지요. 예를 들어

시간기록계의 진동판이 1분에 60회 진동할 때, 종이테이프에 점이 10개 찍혔다면, 종이테이프가 움직인 시간을 다음같이 예측할 수 있어요. 시간기록계는 1분에 60회 진동하니까 1초에 1개의 점이 찍혀요. 타점 10개가 찍혔다면 종이테이프가 움직인 시간은 10초가 되는 것이지요. 따라서 타점 10개의 단위 시간은 10초가 된답니다.

이러한 타점과 단위 시간의 원리를 이용하면 다음과 같은 실험을 해 볼 수 있어요.

먼저 C형 클램프를 이용해서 시간기록계를 실험대나 책상에 수평으로 고정시켜요. 그리고 종이테이프를 시간기록계에 끼운 뒤에 수레에 연결해요. 시간기록계를 작동시킨 후 수레를 이동시켜 보세요. 수레의 속력을 구

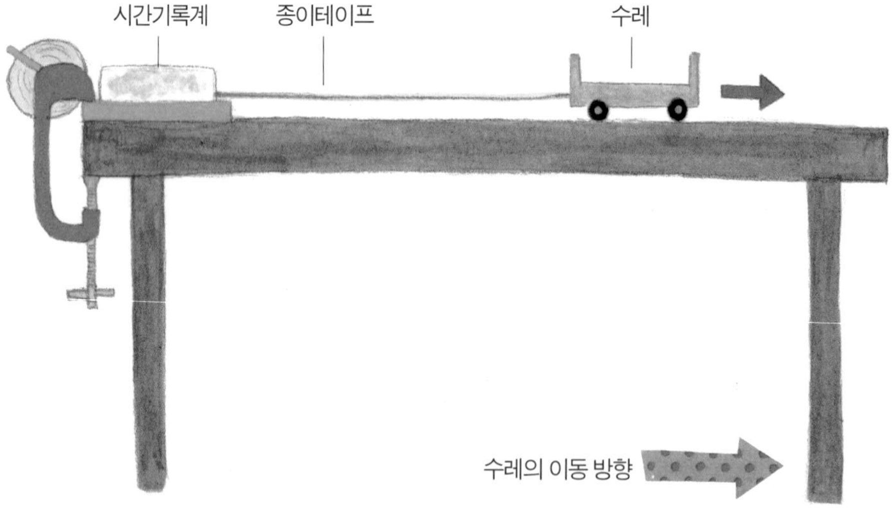

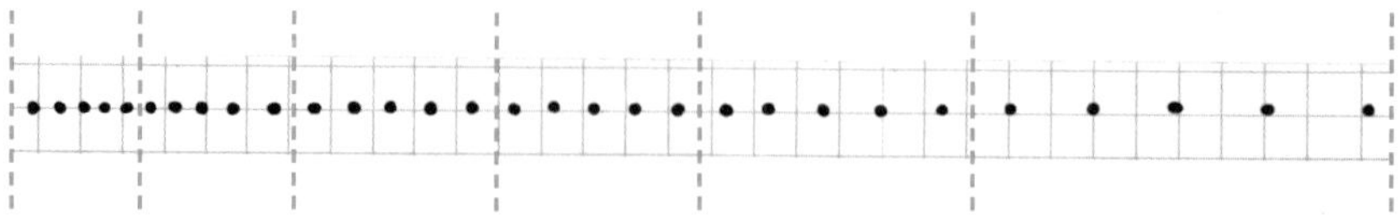

하기 전에 분석할 간격을 정해 둬야 해요. 5타점, 6타점, 10타점 등의 간격으로 정해 놓아야 나중에 분석하기 쉽답니다. 여기에서는 그림처럼 5타점으로 간격을 잡아서 분석하도록 할게요. 종이테이프에 찍힌 타점들을 구간별로 잘라 붙여서 가로축에는 시간, 세로축에는 거리를 나타내는 그래프로 만들어 보세요.

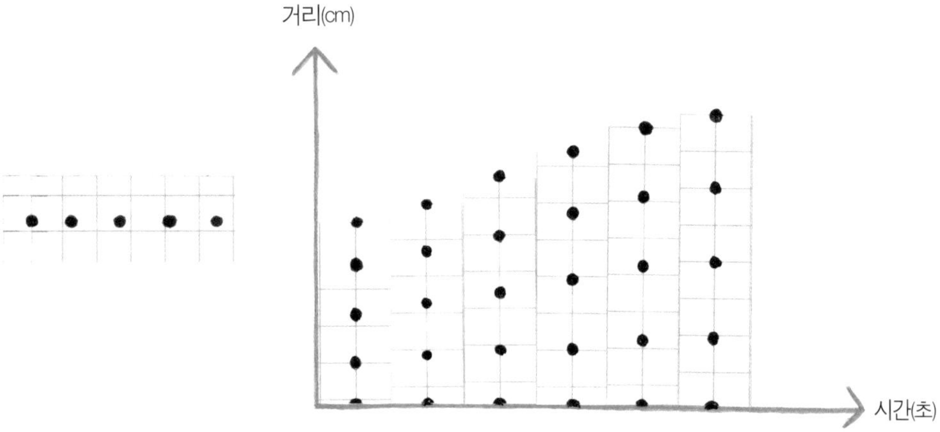

그래프에서 시간이 흐를수록 5타점의 단위 시간마다 수레가 이동한 거리가 길어진 것을 확인할 수 있어요. 이것은 수레가 점점 빨라졌다는 것을 뜻해요.

TIP 요건 몰랐지?

시간기록계를 이용한 속력 계산

지금까지 배운 내용이 잘 이해되었다면, 시간기록계를 이용해서 속력을 계산하는 연습을 해 보세요. 아래 그림의 종이테이프는 1초에 60번 타점을 찍는 시간기록계로 어떤 물체의 운동을 기록한 거예요. 이 종이테이프를 이용해서 물체의 속력을 계산해 볼까요?

먼저 우리는 각 타점 사이의 간격이 몇 구간인지 세어 보아야 해요. 타점의 간격은 여섯 구간이지요? 또 타점이 찍힌 종이테이프의 길이는 12㎝예요.

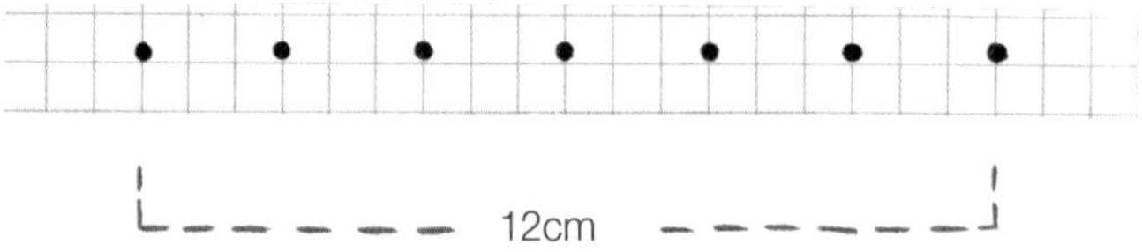

우리가 배웠듯이 속력은 이동 거리를 시간으로 나누어 계산할 수 있어요. 그림에 12㎝로 나와 있는 이동 거리를 m로 바꾸어 볼까요? 1m는 100㎝이니까 12㎝는 0.12m예요. 시간기록계의 시간이 '초'로 표현되어 있어서 과학에서 자주 사용하는 단위 시간인 m/s로 나타내기 위해 단위를 바꾼 거예요. 그러면 시간을 구해 볼까요? 시간기록계가 1초에 60번 타점을 찍으니까 한 타점이 찍히고 다음 타점이 찍힐 때까지 60분의 1초가 걸려요. 그러면 타점 간격이 여섯 구간이니까 걸린 시간은 60분의 1초에 6을 곱한 0.1초가 돼요.

1/60 × 6 = 0.1초

이제 속력을 계산할 수 있겠지요? 물체가 이동한 거리는 0.12m이고, 걸린 시간은 0.1초이니까 속력은 1.2m/s가 된답니다.

평균 속력과 순간 속력

방학이 되어 부모님과 함께 서울에서 부산까지 여행을 간다고 상상해 볼까요? 도시락과 신 나는 음악을 준비해서 자동차를 타고 떠났어요. 고속도로에는 자동차들이 쌩쌩 빠른 속력으로 달려요. 휴게소에 들러 도시락과 시원한 음료수도 먹었어요. 다시 차를 타고 부산 시내에 들어서니 길이 막혀서 고속도로에서 달리던 속력보다 느리게 움직여요. 신호등에 빨간색 불

자동차가 빠른 속력을 낼 수 있는 고속도로.
ⓒ G43@the Wikimedia Commons

자동차가 많아 빠른 속력을 낼 수 없는 도로.
ⓒ Atlantacitizen@the Wikimedia Commons

이 들어오면 차가 잠시 멈추기도 해요. 잠시 후 드디어 목적지인 해운대에 도착했어요.

그러면 서울에서 부산 해운대까지 오는 동안 걸린 시간과 이동 거리를 측정하여 속력을 계산해 볼까요? 그런데 차가 멈춰 있던 시간은 어떻게 하지요? 고속도로에서는 차가 빠르게 달렸지만 시내에서는 천천히 달렸는데 어떻게 계산할까요?

우리가 앞서 공부한 속력의 개념으로 계산한다면, 여러 가지 상황을 무시한 채 전체 거리를 이동하는 데 걸린 총시간으로 나누어야 해요. 그러면

차는 한 번도 쉬지 않고 꾸준히 일정한 속력으로 달린 셈이 되지요. 이렇게 물체나 대상이 움직인 전체 이동 거리와 이동하는 데 걸린 총시간의 관계를 나타내는 것을 평균 속력이라고 해요. 하지만 우리는 쉬기도 했고, 천천히 달리기도 했고, 신호등에서 잠시 멈추기도 했어요. 특정 구간 사이의 이동 거리와 그 구간을 이동하는 데 걸린 시간을 나타내는 것은 순간 속력이라고 해요. 이처럼 물체의 속력은 평균 속력과 순간 속력으로 구분지어 나타낼 수 있어요.

'토끼와 거북' 이야기에서 결과만 보고 거북이 이겼으니까 거북이 토끼보다 빠르다고 이야기한다면 평균 속력을 기준으로 말하는 거예요. 하지만 둘이 처음 달리기를 시작하여 토끼가 낮잠을 자기 전까지의 속력을 비교해 본다면 이야기는 달라져요. 출발점에서 토끼가 낮잠을 자기 전까지의 이동 거리와 시간으로 속력을 계산하면 그 구간의 순간 속력은 토끼가 거북보다 더 빠르다고 할 수 있어요.

따라서 이야기 속에서는 거북이 이겼지만 거북의 속력이 빠르다고 말할 수는 없어요. 일반적으로 우리가 말하는 속력은 순간 속력을 뜻하기 때문이지요. 거북이 토끼보다 평균 속력이 빨랐다고 말하는 것이 정확한 표현이에요.

Q&A 꼭 알고 넘어가자!

문제 1 이동 거리와 걸린 시간을 이용하여 속력이 무엇을 뜻하는지 말해 보세요.

문제 2 사람이나 동물이 지나가며 남긴 자국의 간격은 빠르기와 어떤 관계가 있을까요?

3. '토끼와 거북' 이야기의 결과만 비교하여 거북이 토끼보다 빠르다고 말한다면 전체 이동 거리와 이동하는 데 걸린 총시간을 비교한 평균 속력을 기준으로 하는 것이에요. 하지만 처음 달리기를 시작한 지점부터 토끼가 낮잠을 자기 전까지의 이동 거리와 시간을 비교해 보면 토끼가 더 빨랐으므로, 그 구간의 순간 속력은 토끼가 더 빠르다고 표현할 수 있어요. 따라서 이야기에서 거북이 이겼지만, 거북의 속력이 빠르다고 표현할 수는 없어요. 일반적으로 우리가 말하는 속력은 순간 속력을 이야기하기 때문이에요.

문제 3 '토끼와 거북' 이야기 속 달리기 경주에서는 거북이 이겼지만, 과학적 표현으로 거북의 속력이 토끼보다 빠르다고 말할 수 없는 이유는 무엇인가요?

정답

1. 빠르기를 이동 거리와 걸린 시간의 비율로 설명한 개념을 속력이라고 해요. 즉, 속력은 단위 시간 동안 물체가 이동한 거리를 말한답니다. 좀 더 쉽게 설명하자면, 이동 거리를 걸린 시간으로 나눈 값이 속력이지요.

2. 움직이는 물체나 대상이 빠르게 움직였다면 자국은 간격이 넓게 남아요. 반대로 물체나 대상이 천천히 움직였다면 자국은 간격이 좁게 남는답니다. 이렇게 남아 있는 자국의 간격으로는 속력의 빠르기를 짐작할 수 있지만 정확한 속력을 이야기할 수는 없어요. 하지만 시간기록계를 이용하면 수레 자국의 간격을 통해 수레의 속력을 정확히 알 수 있답니다.

관련 교과

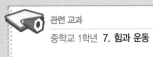

중학교 1학년 7. 힘과 운동

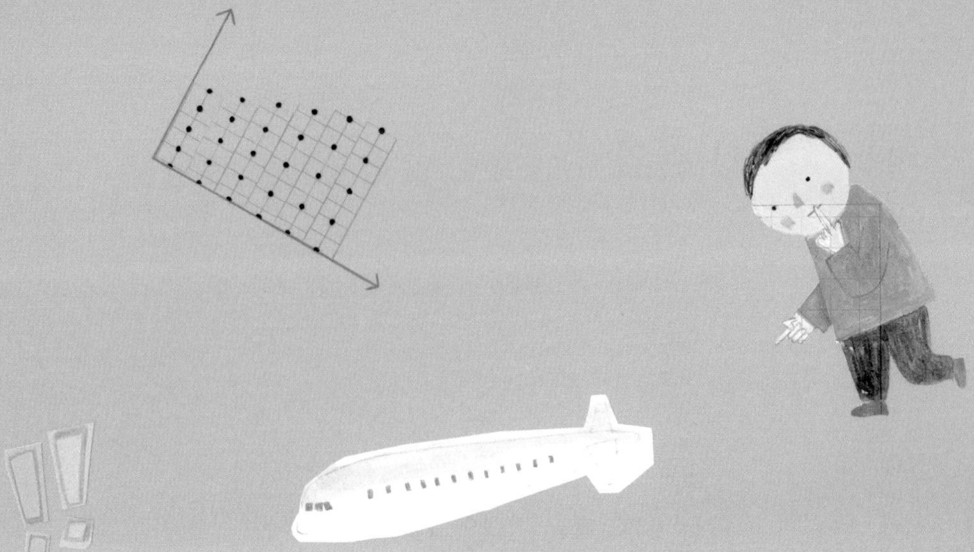

3. 속도

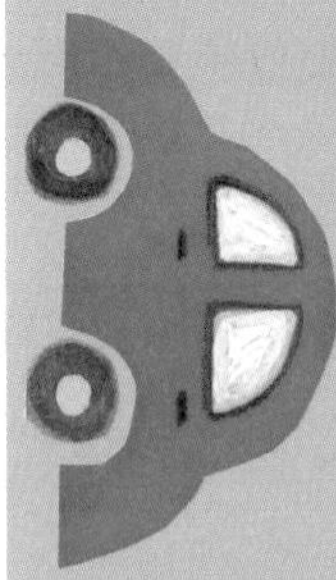

앞에서 우리는 속력의 개념과 특징을 살펴보았어요. 속력과 속도는 둘 다 빠르기를 표현하는 말이지만 과학적 의미는 매우 다르답니다. 속도는 속력과 어떤 차이점이 있는지 살펴보고 속도의 개념과 특징을 자세하게 알아보도록 해요.

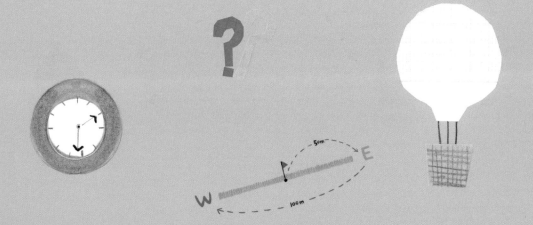

이동 거리와 변위

우리는 속력에 대해 배울 때 이동 거리와 변위의 차이점이 무엇인지 알아보았어요. 속도를 배우기 위해서는 변위를 확실히 이해해야 해요. 변위는 위치의 변화를 뜻하지요. 변위는 위치의 변화량만 셈하는 이동 거리와는 달라서 변위를 구하기 위해서는 위치가 변한 양뿐만 아니라 어느 방향으로 변했는지도 알아야 해요. 다음의 예를 통하여 변위의 개념을 알아볼까요?

그림에서 학교와 집은 500m 떨어져 있고, 집과 슈퍼마켓은 600m 떨어

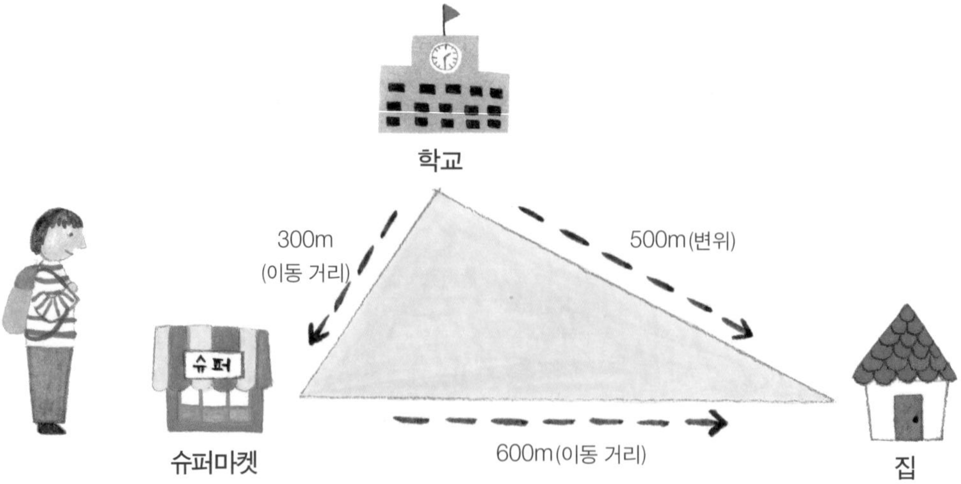

져 있고, 학교와 슈퍼마켓은 300m 떨어져 있어요. 학교에서 돌아오는 길에 슈퍼마켓에 들러서 동생과 함께 먹을 간식을 사서 집으로 왔어요. 그렇다면 이동한 거리는 다음과 같지요.

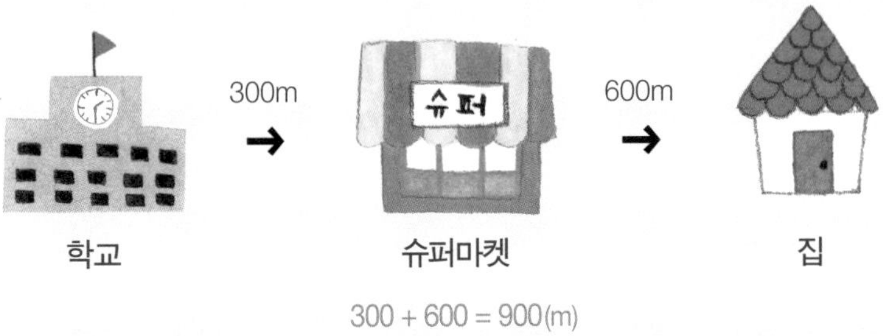

하지만 결과적으로 움직인 위치를 변위의 개념으로 살펴보면 학교와 집과의 거리인 500m를 움직였다는 사실을 알 수 있어요. 변위는 화살표를 이용하여 '방향'을 살펴보면 더 쉽게 파악할 수 있어요. 이동 거리와 변위가 아직도 헷갈린다면 화살표를 이용해서 방향을 나타내어 보세요.

나는 변위와 이동 거리가 너무 헷갈려.
화살표를 이용해서 방향을 나타내면 변위와 이동 거리가 헷갈리지 않아.

속도란 무엇일까요?

속력은 단위 시간에 이동한 거리라고 배웠어요. 그렇다면 속도는 무엇일까요? 속도는 단위 시간 동안의 변위를 뜻해요. 우리가 지금까지 이동 거리와 변위의 차이점을 여러 번 반복해서 알아본 이유를 알겠지요? 속도가 속력과 다른 점은 이동 거리가 아닌 변위를 사용하여 빠르기를 표현한다는 거예요.

$$\text{속력} = \frac{\text{이동 거리}}{\text{걸린 시간}}$$

$$\text{속도} = \frac{\text{변위}}{\text{걸린 시간}}$$

정환이와 윤중이는 사이좋은 친구예요. 둘은 학교에서 달리기를 잘하기로 손꼽히는 건강한 친구들이지요. 체육 시간에 달리기를 하면 정환이와 윤중이는 항상 짝이 돼요. 정환이가 한 번 이기면, 다음에는 윤중이가 한 번 이길 만큼 둘의 달리기 실력은 막상막하예요. 지금까지 달리기 시합 결과는 7 대 7 무승부. 그래서 선생님은 정환이와 윤중이에게 항상 이렇게 물어요.

"너희는 달리기를 참 잘하는구나. 그런데 둘 중 누가 더 빠르지?"

정환이와 윤중이는 아주 친한 친구 사이지만 이런 이야기를 들을 때면 서로 묘한 경쟁심이 생겼어요. 정환이와 윤중이는 제대로 한번 승부를 겨루어 보고 싶은 생각이 들었어요. 어느 날 윤중이가 먼저 정환이에게 이야기했어요.

"정환아, 우리 학교에서 누가 제일 속도가 빠른지 승부를 내보자. 다음 주에 운동장을 다섯 바퀴 도는 대결로 속도를 비교해 보면 어떨까?"

정환이는 흔쾌히 받아들였어요. 그래서 둘은 대결 날짜를 한 주 뒤로 정했답니다.

윤중이는 정환이를 꼭 이겨야겠다고 마음먹고 매일매일 아침저녁으로 운동장을 달리면서 특별 훈련을 했어요. 하지만 정환이는 웬일인지 달리기 연습은 하지 않고 책을 열심히 보기 시작했어요. 드디어 결전의 날! 둘은 출발 지점에서 동시에 달리기 시작했지요. 한 바퀴, 두 바퀴, 세 바퀴, 네 바퀴, 다섯 바퀴……. 결승점에는 누가 먼저 들어왔을까요? 그동안 열심히 땀 흘려 연습했던 윤중이가 먼저 결승점에 들어왔어요. 윤중이는 땀을 뻘뻘 흘리고, 숨을 헉헉대면서 기쁜 마음에 소리를 질렀어요, 그리고 뒤를 돌

아보았어요.

"내가 이겼다! 내가 우리 학교에서 속도가 제일 빨라."

그런데 이게 웬일! 시합에 져서 속상해할 줄 알았던 정환이가 운동장에 서서 웃으면서 윤중이를 지켜보고 있었어요.

"아니, 이 대결에서 속도가 더 빠른 사람은 나야!"

당황한 윤중이는 소리쳐서 물어봤어요.

"왜? 너는 아직 결승점에 오지 못했고, 보다시피 나는 결승점에 들어와 있는데?"

정환이는 계속해서 웃으면서 이야기했어요.

"네가 먼저 결승 지점에 들어간 것은 맞지만, 너의 속도는 0이야. 그러니까 이 대결에서는 내 속도가 더 빨라."

당황한 윤중이는 이유를 모른 채 그 자리에 서 있었어요.

여러분은 누구의 속도가 더 빠르다고 생각하나요? 정환이의 말이 잘 이해되었나요? 이 시합에서 윤중이 속도는 0이에요. 아직 눈치채지 못한 친구들을 위해 구체적으로 이야기해 볼까요?

운동장을 다섯 바퀴나 돈 윤중이의 속도는 0이랍니다. 왜냐하면 윤중이는 열심히 달려서 결국 처음 출발하였던 자리로 돌아왔기 때문이에요. 결승점으로 들어와 제자리로 돌아왔으니까 변화된 위치 값은 결과적으로 0이에요. 변위가 0이므로 변위를 걸린 시간으로 나누면 속도도 0이 되지요. 여러분이 생각했던 내용과 같은가요?

정환이는 윤중이가 경주를 하자고 할 때 윤중이의 말을 유심히 들었어요. 윤중이는 "누구의 속도가 더 빠른지 겨루어 보자"라고 말했거든요. 그래서 윤중이가 속도의 개념을 이해하지 못하고 운동을 열심히 하는 동안에 정환이는 책을 보면서 힘들이지 않고 윤중이를 이길 방법을 생각했답니다.

속도는 변위를 걸린 시간으로 나눈 값이므로 크기와 방향을 꼭 생각해야 해요. 원래 위치로 돌아와 제자리가 되면 변위가 0이 되어 속도도 0이 되니까요.

속도는 어떻게 표현하나요?

속도 역시 속력처럼 빠르기를 나타내는 물리량이므로 속력과 같은 단위를 사용해요. m/s, km/h 등의 단위를 사용하지요.

그런데 속도의 단위를 쓸 때는 빠뜨리면 안 되는 사항이 있어요. 속도는 방향을 포함한 개념이므로 방향을 나타내는 말을 꼭 넣어 주어야 해요. 물체가 직선으로 이동할 때, 움직이는 한쪽 방향은 (+)로, 반대 방향은 (−)로 표시하면 된답니다.

아래 그림처럼 자동차가 동서로 움직인다고 할 때, 자동차의 속도는 동쪽으로 움직일 때는 60km/h(+)로, 서쪽으로 움직일 때는 40km/h(−)로 나타낼 수 있어요.

속력과 속도는 개념이 다른 만큼 단위도 다른 방법으로 표현한답니다.

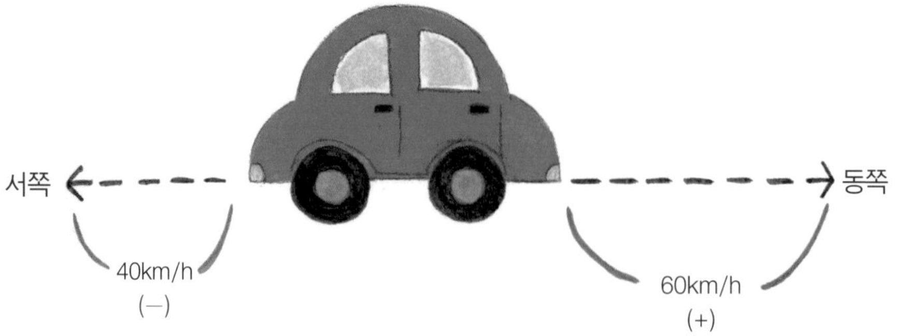

평균 속도와 순간 속도

앞서서 공부했던 평균 속력과 순간 속력처럼 속도에도 '평균 속도'와 '순간 속도'가 있어요. 속도 역시 출발점에서 도착점까지 지속적으로 변하기 때문에 구분해서 사용해야 한답니다. 평균 속력과 마찬가지로 평균 속도는 출발점에서 도착점까지의 속도 변화를 무시하고 물체의 변위를 걸린 총시간으로 나눈 값이에요.

$$\text{평균 속도} = \frac{\text{변위}}{\text{걸린 총시간}}$$

순간 속력에 대해 배웠던 내용을 떠올리면 순간 속도는 특정 순간의 변위를 나타낸 것이라고 생각할 수 있어요. 그런데 아주 짧은 순간에는 움직이는 방향을 갑자기 전환할 수 없답니다. 그래서 운동하는 물체가 곡선으로 움직일 때는 그 지점의 접선 방향으로 순간 속도의 방향이 정해져요.

그런데 접선이란 무엇일까요? 다음 그림에서 직선 C를 점 A에서 곡선 D에 대한 접선이라고 해요.

접선

원과 오직 한 점에서 만나는 직선을 말합니다. 원이 아닌 곡선에서는 곡선에 임의로 두 점을 찍고 한 점을 고정시켰을 때 나머지 다른 점이 이 곡선을 따라 고정시킨 점에 한없이 가까워지면서 만드는 직선을 말합니다.

■ 접선이란?

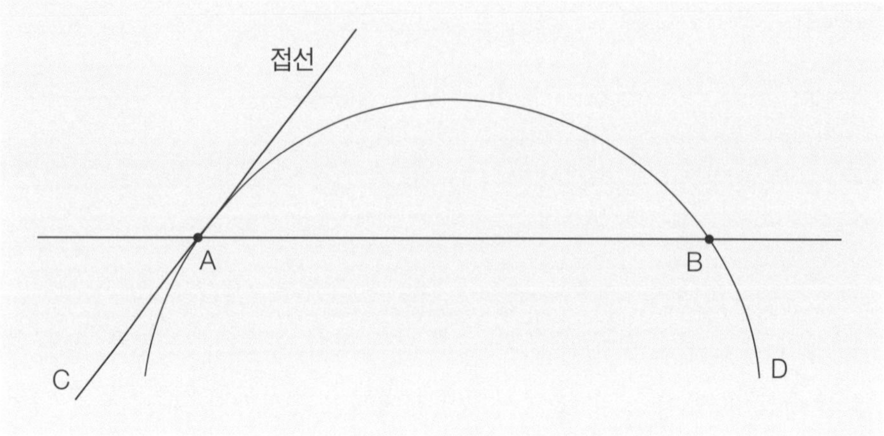

우리가 자동차를 타서 속도계를 보면 속도가 끊임없이 변하는 모습을 볼 수 있어요. 그 이유는 무엇일까요? 자동차 속도계는 평균 속도가 아니라 순간 속도를 나타내기 때문입니다.

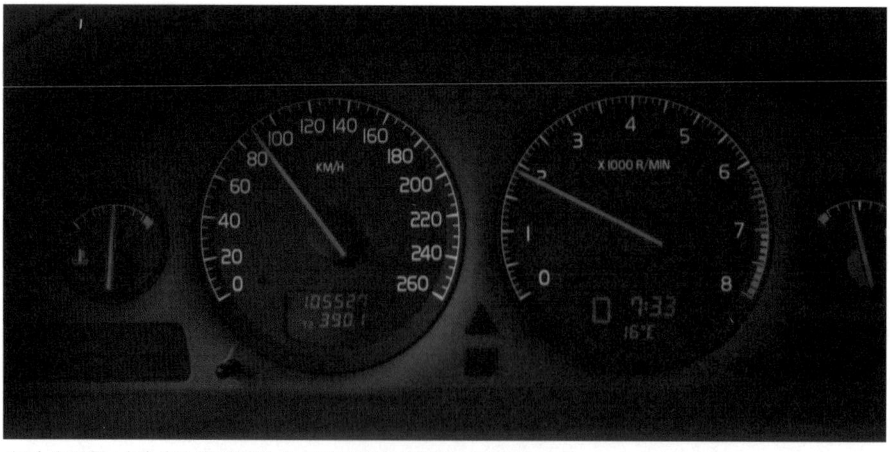

순간 속도를 나타내어 끊임없이 속도가 변하는 자동차 속도계. ⓒ Tage Olsin@the Wikimedia Commons

상대 속도와 상대의 속도

기차를 타고 여행을 했을 때의 추억을 떠올려 보세요. 차창 밖으로 나무도 보이고, 자동차도 보이고, 때로는 반대편으로 지나가는 기차를 발견하기도 해요. 이때 풍경에서 이상한 점을 발견하지 않았나요? 나무나 자동차가 모두 우리가 이동하는 반대 방향으로 움직이는 것처럼 보였을 거예요. 우리가 탄 기차가 정차 역에 멈추면 창밖의 물체들도 기차와 함께 멈추는 것처럼 보이고요. 이런 현상은 어떤 원리 때문에 일어날까요?

움직이는 기차의 차창 너머로 풍경을 바라보면 창밖의 물체들이 보는 사람의 이동 방향과 반대 방향으로 움직이는 것처럼 보인다. ⓒ Chris McKenna@the Wikimedia Commons

기차를 타고 이동할 때 사실 '나'는 움직이고 있지만 승차감 때문에 정지해 있는 느낌을 받는답니다. 이 상황에서 나무를 보면 나무가 반대 방향으로 움직이는 듯한 느낌을 받게 되지요. 실제로 나무는 움직이지 않고 있지만 '나'의 기준에서 바라보기 때문에 나무가 움직이는 것처럼 느껴진답니다.

그렇다면 같은 방향으로 달리고 있는 자동차는 어떻게 보일까요?

마치 자동차가 움직이지 않고 멈추어 있거나 아주 느리게 움직이는 것처럼 보이지 않나요? 그 이유는 자동차가 내가 타고 있는 기차와 같은 방향을 달리고 있어서 '나'의 기준에서 보면 마치 움직이지 않는 것처럼 느껴지는 것이에요.

상대 속도란 물체가 가지는 절대적인 속도가 아니라 '관찰자'의 기준에서 보았을 때 상대적으로 느껴지는 속도를 말해요. 상대방의 속도가 아니라 상대적인 속도이지요.

상대 속도=관찰당하는 물체의 속도−관찰자의 속도

예를 들어 자전거 도로에서 같은 속도로 나란히 달리고 있는 두 학생 A와 B의 속도를 10m/s라고 한다면 B학생의 기준에서 상대 속도는 0m/s로, B 학생은 A 학생의 속도가 느껴지지 않을 거예요.

상대 속도=A 학생의 속도(10m/s)-B 학생의 속도(10m/s)=0m/s

반대로 두 학생 A와 B가 반대 방향으로 같은 속도인 10m/s로 달리고 있다면 B 학생의 입장에서 상대 속도는 20m/s로, B 학생은 A 학생의 속도를 실제 A 학생의 속도보다 빠르게 느낄 거예요.

상대 속도=A 학생의 속도, 반대 방향(-10m/s)-B 학생의 속도(10m/s)
=-20m/s

TIP 요건 몰랐지?

물체의 속도가 변해요

곡선에서 속도를 줄이는 경주용 자동차.
ⓒ Darren@the Wikimedia Commons

자동차 경주를 본 적 있나요? 출발점에서 자동차는 움직이지 않아요. 하지만 깃발이 올라가며 시작을 알리면 점점 속도를 높여 가지요. 빠른 속도로 질주하던 자동차는 곡선을 만나면 잠시 속도를 줄이면서 지나가요. 곡선을 지나 직선 코스를 만나면 다시 속도를 높이고, 결승점을 통과한 후에는 속도를 점점 낮추어서 멈추지요.

이처럼 움직이는 물체의 속도는 점점 빨라지기도 하고 유지되기도 하고 느려지기도 해요. 이렇게 변하는 속도를 어떻게 효과적으로 표현할 수 있을까요? 단위 시간 동안의 속도 변화율을 '가속도' 라고 하는데, 움직이는 물체의 속도에 변화가 있을 때에 '가속도가 있다.' 라고 표현한답니다.

움직이는 물체가 점점 빨라지면 '가속도가 증가하고 있다.' 라고 하고, 속도가 느려질 때 '가속도가 감소하고 있다.' 라고 표현해요. 그러면 속도가 일정하게 유지되고 있을 때는 어떻게 표현할까요? 이때는 '가속도는 0이다.' 라고 표현한답니다. 움직이고 있지만 속도가 변하지 않고 일정하게 유지되고 있으므로 변하는 속도인 가속도의 값은 0이 되지요.

TIP 요건 몰랐지?

중력에도 가속도가 있어요

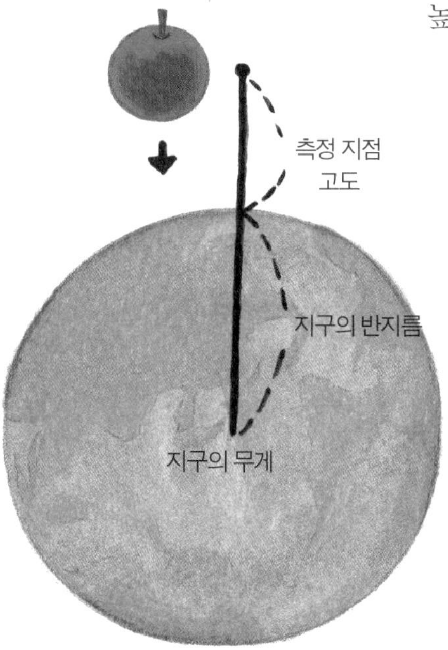

중력 가속도의 크기는 중력 가속도를 측정하는 지역의 고도가 높을수록, 측정 지점에서의 지구 반지름이 클수록 작아진다.

높은 곳에서 물체를 떨어뜨려 보세요. 떨어지는 물체의 속도를 주의 깊게 살펴보아야 해요. 물체의 속도가 점점 빨라지지 않나요? 높은 곳에서 떨어지는 물체는 속도가 점점 빨라져요. 물체의 속도를 관찰하면 떨어지는 물체는 속도가 변하는 가속도 운동을 한다는 사실을 알 수 있지요. 이렇게 떨어지고 있는 물체가 가속도 운동을 하는 이유는 무엇일까요? 바로 물체에 작용하는 지구의 중력 때문이에요. 지구의 중력 때문에 생긴 가속도를 '중력 가속도' 라고 한답니다.

중력 가속도는 공기 중에 아무런 저항이 없다고 가정하면 항상 같은 값을 가져요. 떨어지는 물체의 질량이나 모양, 크기에 상관없이 항상 똑같은 값으로 표시한답니다. 또한 이때 중력 가속도의 방향은 중력과 마찬가지로 지구 중심을 향하게 되지요.

$$\text{중력 가속도} = \frac{\text{물체가 서로 끌어당기는 힘} \times \text{지구의 무게}}{\text{지구의 반지름} + \text{측정 지점 고도}}$$

Q&A 꼭 알고 넘어가자!

문제 1 속력은 단위 시간에 이동한 거리예요. 그렇다면 속도는 무엇일까요?

문제 2 속력은 m/s, km/s 등의 단위를 사용하여 표현하는데, 속도는 어떻게 표현하나요?

3. 상대 속도 때문이에요. 상대 속도란 물체가 가지는 절대적인 속도가 아니라 '관찰자'의 기준에서 보았을 때 상대적으로 느껴지는 속도를 말해요. 기차를 타고 이동할 때 사실 '나'는 움직이고 있지만 승차감 때문에 정지해 있는 느낌을 받는답니다. 이 상황에서 나무를 보면 나무가 반대 방향으로 움직이는 듯한 느낌을 받게 되지요. 실제로 나무는 움직이지 않고 있지만, '나'의 기준에서 바라보기 때문에 나무가 움직인다고 느껴진답니다.

문제 3 기차를 타고 이동할 때 차창 밖으로 보이는 풍경은 모두 우리와 반대 방향으로 움직이고 있는 것처럼 보여요. 움직이던 기차가 멈추면 풍경도 멈추는 것처럼 보이지요. 이렇게 보이는 이유는 무엇인가요?

정답

1. 속도는 단위 시간 동안의 변위를 뜻해요. 속력과 가장 큰 차이점이 바로 이동 거리가 아닌 변위를 사용하여 빠르기를 표현한다는 것이에요. 또 물체의 빠르기를 이동한 방향과 함께 나타낸다는 점에서 속력과 차이가 있습니다.

2. 속도 역시 속력처럼 빠르기를 나타내는 물리량이므로 속력과 같은 단위를 사용해요. m/s, km/h 등의 단위를 사용하지요. 그런데 속도는 방향을 포함한 개념이므로 방향을 나타내는 말을 꼭 넣어 주어야 해요. 물체가 직선으로 이동할 때 움직이는 한쪽 방향은 (+)로, 반대 방향은 (−)로 표시하면 된답니다.

관련 교과

초등 6학년 2학기 1. 물 속에서의 무게와 압력
중학교 1학년 7. 힘과 운동

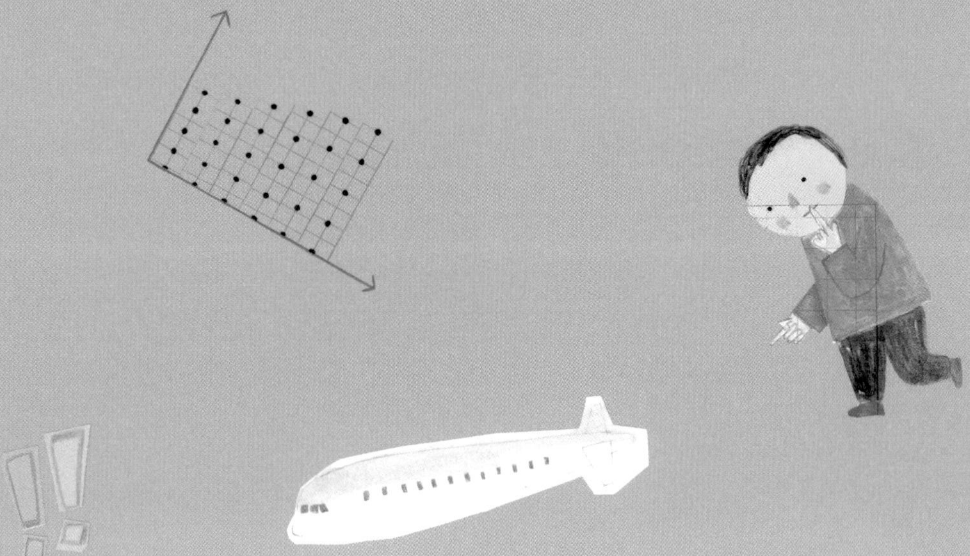

4. 교통수단의 발전

우리는 먼 거리를 이동할 때 무엇인가를 타고 움직여요. 이를 교통수단이라고 하지요. 옛날부터 사람들은 다양한 교통수단을 이용했어요. 처음에는 말, 소, 낙타, 코끼리 같은 동물을 타고 이동했지만 시간이 지나면서 더욱 빠르고 편하게 움직일 수 있는 교통수단을 만들었어요. 그럼, 이번에는 다양한 교통수단에 대해 살펴보아요.

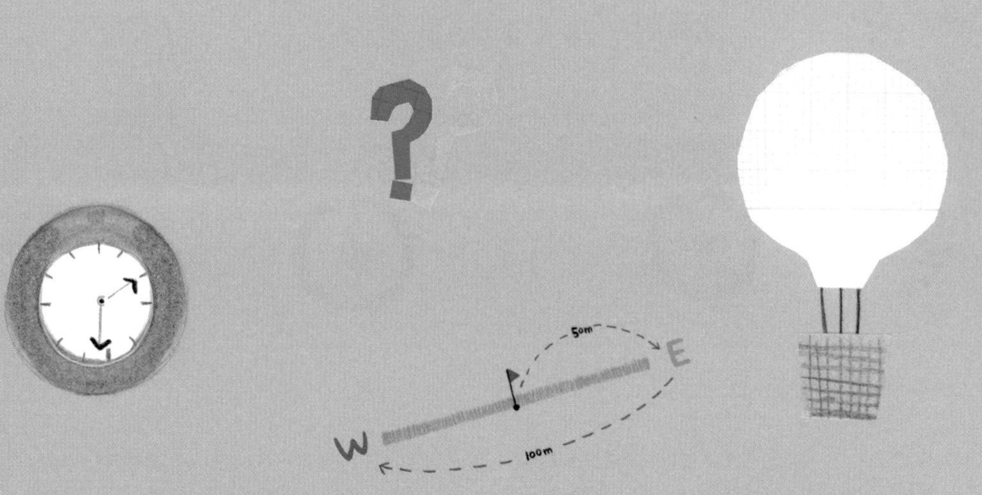

육지에서 움직여요

바퀴

둥그렇게 생겨서 굴러다니는 바퀴는 모양과 재료가 다양하답니다. 바퀴의 발명은 교통수단을 발전시키는 데 매우 중요한 역할을 했어요. 바퀴는 기원전 3000년경부터 사용했어요. 처음에는 바퀴가 두 개 달린 수레를 이용하다가 점점 발전하여 바퀴가 네 개 달린 전차를 타고 다니게 되었지요. 요즘은 바퀴를 금속, 플라스틱, 티타늄 등의 다양한 재료로 만들

지만 이때는 주로 나무나 돌로 만들었어요.

바퀴는 어떻게 움직일까요? 바퀴는 마찰력을 이용해서 움직여요. 마찰력이란 바퀴가 지면과 닿아 힘이 작용할 때, 바퀴를 움직이는 힘을 방해하는 것이랍니다.

마찰력을 이용하여 사람도 쉽고 빠르게 움직일 수 있었고, 물건도 빠르고 편하게 옮길 수 있었답니다. 또한 바퀴의 발전은 후에 교통수단 발전의 밑거름이 되었어요. 지금 주변에서 흔히 볼 수 있는 자동차, 오토바이, 자전거도 바퀴의 발명이 밑바탕이 되어 만들어진 것들이에요.

마찰력

물체가 다른 물체의 표면에 맞닿아서 운동을 하려고 하거나 운동을 하고 있을 때, 맞닿아 있는 면을 따라서 그 운동을 저지하려는 힘이 작용합니다. 이러한 저항력을 '마찰력'이라고 합니다.

썰매

여러분은 크리스마스 하면 무엇이 떠오르나요? 당연히 산타클로스 할아버지와 루돌프를 빼놓을 수 없겠지요. 산타클로스 할아버지는 루돌프가 끄는 썰매에 선물을 가득 싣고 전 세계를 날아다니며 착한 아이에게 선물을 준답니다. 여러분은 하늘을 나는 썰매를 본 적이 있나요?

그런데 실제로 루돌프가 하늘을 날 수 있다고 해도, 썰매를 끌 수는 없어요. 그 이유는 하늘에서는 마찰력이 작용하지 않기 때문이에요.

썰매에는 동그란 바퀴가 아니라 길쭉한 날이 붙어 있어요. 썰매의 날은 지표면과의 마찰력을 줄여주는 역할을 해요. 사슴의 발과 지표면 사이에 작용하는 마찰력보다 썰매와 지표면 사이의 마찰력이

반작용

발로 땅을 힘껏 차면 발도 땅의 힘을 받는 것이 느껴지지요? 이처럼 A가 B에게 힘을 가할 때, B도 A에게 같은 크기의 힘을 반대 방향으로 가하는 현상을 반작용이라 해요.

작기 때문에 사슴은 썰매를 끌 수 있는 거예요. 또 사슴이 썰매를 끄는 데에는 작용-반작용의 법칙이 작용해요. 작용-반작용의 법칙은 두 물체가 서로 힘을 주고받을 때 한쪽 물체가 받는 힘과 반대쪽 물체가 받는 힘의 크기는 같고, 방향은 반대가 된다는 원리를 뜻한답니다. 크기는 같고 방향이 다른 이 힘이 물체의 평형을 이루게 하지요.

사슴이 발로 지표면을 밀면 그 힘과 같은 크기의 힘이 반대 방향으로 작용해요. 이 힘이 썰매를 앞으로 나아가게 한답니다. 겨울에 얼음 위에서 신나게 타는 썰매도 마찬가지예요. 썰매 위에 앉아 끝에 뾰족한 못이나 송곳을 박은 막대기로 얼음을 찍어 뒤로 밀면 그 반작용으로 썰매가 앞으로 나아가는 것이지요.

추운 지방에서 교통수단으로 이용하는 썰매. © Martin Male(EclecticBlogs@flickr.com)

작용-반작용 법칙이 작용하는 썰매. ⓒ Jinho. jung@flickr.com

옛날에는 썰매를 교통수단으로 이용했지만 요즘에는 썰매가 움직이는 원리를 활용해 다양한 스포츠나 레저 활동을 해요. 하지만 아직도 추운 북극 지방의 사람들은 얼음 위를 이동하는 교통수단으로 썰매를 이용하고 있어요.

타이어와 자동차

시간이 지나 과학이 발달해 자동차가 발명되었어요. 돌과 나무로 만들어지던 바퀴는 다른 재료를 사용해 만들면서 더욱 발달했지요.

나무로 만든 자전거 바퀴 둘레에 고무를 씌운 것이 바로 최초의 타이어예요. 그런데 처음부터 자동차 바퀴에 고무를 사용하지는 않았답니다. 처음에는 자동차 바퀴로 표면이 단단하고 울퉁불퉁한 나무 바퀴나 금속을 사용했어요. 하지만 나무 바퀴나 금속 바퀴로는 운전하기도 어렵고 이동 속

타이어는 타이어 속의 높은 압력 때문에 자동차가 움직여도 터지지 않는다.
ⓒ Angie@the Wikimedia Commons

도도 만족스러울 만큼 빠르지 않았어요. 그래서 타이어를 만들게 되었답니다. 타이어 안에는 공기가 들어 있어서 자동차가 움직이면 터질 것 같지만, 실제로는 타이어 속 공기의 압력이 높아서 터지지 않아요. 반대로 타이어에 구멍이 생겨 공기의 압력이 작아지면 자동차가 움직일 수 없게 되지요.

자동차

자동차는 엔진을 이용하여 동력을 만들어서 힘을 바퀴에 전달해 움직여요. 앞서 설명했듯이 바퀴에 고무 옷을 입힌 타이어는 이 힘을 전달받아 자동차를 움직이게 한답니다. 자동차는 모양과 용도가 발전하고 있을 뿐만 아니라 속도와 동력원도 나날이 발전하고 있어요.

자동차는 사람이나 짐을 옮기는 교통수단 이외에도 다양한 목적으로 사용되고 있답니다. 산업 현장에서는 작업을 하는 작업용 차량으로 쓰이고 농사 현장에서는 밭을 갈거나 농작물을 수확하는 농기계로 쓰이고 있어요. 또한, 탱크나 장갑차 같은 무기도 모두 자동차라고 할 수 있지요. 이 뿐만이 아니라 자동차 경주 등의 레저 스포츠에 사용되기도 해요. 이렇게 자동차는 교

동력

전기와 자연에 있는 에너지를 사용하기 위해 기계적인 에너지로 바꾼 것입니다. 전력, 수력, 풍력 등이 동력의 근원이 되는 주요 에너지입니다.

통수단과 산업 및 특수 분야 등에 널리 사용되고 있답니다.

자전거

자전거는 일반적으로 두 개의 바퀴를 사람이 다리 힘으로 돌려서 움직이는 교통수단을 말해요. 하지만 초기에는 한 개의 바퀴를 이용한 자전거도 있었답니다. 또 우리가 아주 어렸을 때 탔던 자전거도 바퀴가 세 개였지요. 바퀴가 두 개인 자전거는 중심 잡기가 어렵기 때문에 어릴 때는 잘 넘어지지도 않고 좀 더 쉽게 탈 수 있는 세발자전거를 타요.

타이어가 발명되기 전에 사용되었던 초기 자전거는 자동차와 마찬가지로 사람이 타기도 불편하고 속도도 느렸어요. 하지만 자전거에 타이어 바퀴를 이용한 뒤에는 지금 우리가 타는 자전거와 같은 모습으로 발전하여 빠른

일반적으로 가장 많이 이용하는 두발자전거.
ⓒ Terry Morse(terrymorse@flickr.com)

속도를 낼 수 있게 되었어요.

자전거는 일상생활에서 교통수단으로 이용될 뿐만 아니라 레저 스포츠에 활용되기도 한답니다. 수영, 사이클, 마라톤 세 종목을 연이어 겨루는 경기인 트라이애슬론과 산이나 험한 길에서 자전거를 타는 산악자전거 등 자전거를 전문적으로 즐기는 사람도 많

아졌어요.

게다가 자전거는 서커스 같은 공연에서 외줄을 타거나, 여러 개의 자전거를 쌓아 놓고 움직이는 묘기를 부리는 데에도 이용되어 우리에게 재미를 주어요.

증기 기관차

증기 기관차는 증기의 힘으로 달리는 기관차예요. 초기 기차의 모습이라고도 할 수 있지요. 요즘에는 증기 기관차를 찾아보기 어렵지만, 19세기 말과 20세기 초 우리나라에서는 증기 기관차가 사람과 화물을 싣고 철로 위를 칙칙폭폭 달렸답니다.

증기 기관차는 석탄을 태워 물을 끓이고 거기서 나오는 수증기의 압력으로 바퀴를 움직여요. 지금 우리가 타는 기차와 비교해 보면 효율적이라고 할 수 없지만, 당시에 증기 기관차는 많은 사람과 짐을 싣고 먼 거리를 이동할 수 있는 획기적인 교통수단이었습니다.

기차

기차는 증기 기관, 디젤 기관, 전기 기관을 동력으로 하여 움직이는 열차와 자기 힘으로 움직이는 열차를 말해요. 오늘날 기차는 우리 생활에서 매우 중요한 교통수단으로 사용되고 있어요. 지역과 지역 사이를 오가며 승객을 수송하는 여객 열차, 짐을 수송하는 화물 열차를 비롯하여, 전기의 힘으로 지하

디젤 기관

경유 또는 중유를 연료로 하여 작동하는 기관를 말합니다. 디젤 엔진은 1893년 독일의 기술자 루돌프 디젤이 처음 만들었어요. 처음에는 디젤 연료로 중유를 사용했지만, 점차 개량되면서 경유를 사용하게 되었습니다.

오늘날에는 철도 위를 달리는 증기 기관차를 거의 볼 수 없지만 특별한 행사에 임시로 운행되기도 한다.
ⓒ David Smith@the Wikimedia Commons

를 이동하는 지하철, 지하철과 버스의 단점을 보완한 경전철 등 다양한 종류의 기차가 특성에 맞는 역할을 하고 있답니다.

더욱 빠른 기차를 이용하기 위한 연구 개발도 끊임없이 이루어지고 있어요. 우리나라는 2004년 4월 고속 철도 KTX를 개통하였어요. KTX는 시속 300㎞ 이상의 속력으로 운행하며 우리나라를 두 시간 생활권 시대로 바꾸었어요. KTX는 최고 시속을 350㎞까지 올릴 수 있을 뿐만 아니라 1,130㎾의 전동기 열두 개를 작동시켜 엄청난 힘을 낼 수 있답니다.

이뿐만이 아니에요. 자기 부상 열차도 계속 연구되고 있답니다. 자기 부상 열차는 자기력을 이용해 선로 위에 뜬 채로 움직이는 열차예요. 선로와 접촉이 없어 소음과 진동이 매우 작다는 장점이 있지요. 또한 선로와의 마찰이 없어서 기차가 거의 닳지 않기 때문에 유지와 보수에 드는 비용도 적

짐을 수송하는 화물 열차. ⓒ Doo ho Kim(Visionstyler Press@flickr.com)

전기를 연료로 지하를 이동하는 지하철.
ⓒ Doo ho Kim(Visionstyler Press@flickr.com)

시속 300㎞ 이상으로 운행하는 KTX.
ⓒ LWY@flickr.com

어요. 그리고 자석이 레일을 감싸서 탈선의 위험이 없다는 점도 장점이지요. 현재 우리나라는 2013년까지 인천 국제 공항 지역에 도시형 자기 부상 열차를 개통하는 것을 목표로 공사를 하고 있답니다.

TIP 요건 몰랐지?

우리나라의 기차

미카형 증기 기관차. ⓒ 조사부장@the Wikimedia Commons

파시형 증기 기관차. ⓒ 조사부장@the Wikimedia Commons

우리나라는 일제 강점기였던 1899년에 경인선 철도를 개통하면서 처음으로 증기 기관차를 교통수단으로 사용했어요. 일제 강점기의 대표적인 차종으로는 미카형 증기 기관차와 파시형 증기 기관차가 있답니다. 이후 많은 발전을 거듭하여 우리나라 기술력으로 증기 기관차를 생산할 수 있게 되었어요.

또한 전국적으로 철로가 증가하고 이용자가 많아지면서 증기 기관차는 점점 성능이 좋아졌어요. 기관차의 속도가 빨라지고 객차도 늘어났지요. 하지만 광복 이후 산업과 과학이 발전하여 증기 기관차보다 연료를 효율적으로 사용하고 성능도 좋은 디젤 기관차가 개발되었어요. 그로 인해 1967년부터 증기 기관차는 공식적인 운행을 중단하게 되었답니다.

TIP 요건 몰랐지?

우리나라의 열차 등급

주말을 맞아 가족과 함께 부산으로 바다 여행을 떠나려고 해요. 빠르고 편하게 가기 위해서 서울에서 부산까지 기차표를 알아보기로 했어요. 그런데 KTX, 새마을호, 무궁화호 등 기차 종류가 많네요. 어떤 기차를 타고 여행을 가야 할까요?

우리나라 기차 가운데 가장 빠른 속도를 자랑하는 기차는 2004년에 운행을 시작한 KTX입니다. KTX는 고속 철도로 시속 300km/h의 속력을 낸답니다. 1994년 6월 프랑스 테제베 철도와 차량 도입 계약을 하여 2004년 4월에 경부선과 호남선을 개통하였지요.

일반 열차로는 새마을호, 무궁화호, 통일호, 비둘기호가 있답니다. 이 가운데 새마을호는 KTX가 다니지 않는 구간을 가장 빨리 달리는 열차예요. 무궁화호는 KTX나 새마을호에 비하면 상대적으로 요금이 저렴한 일반 열차이고, 통일호는 2004년까지는 운행했지만 KTX 개통 후에 철도 개편으로 폐지되었어요. 하지만 일부에서는 아직도 통근 열차로 사용하고 있답니다. 비둘기호는 가장 느리고 저렴한 열차였지만 지금은 운행하지 않는답니다.

물 위를 떠다녀요

지금까지 우리는 육지 위를 달리는 교통수단을 살펴보았어요. 그렇다면, 바다를 건너 다른 지역이나 대륙으로 이동할 때는 무엇을 타야 할까요? 바다는 너무 깊고 멀어서 사람이 헤엄쳐서 이동하기는 힘들 거예요. 그래서 사람들은 물 위를 다니는 교통수단을 만들었답니다. 물 위를 땅처럼 생각하고 교통수단과 통로를 만들어 왔지요.

물길에도 여러 종류가 있어요. 바다의 뱃길도 있고 강이나 호수를 건너

는 길도 있어요. 이러한 다양한 물길을 이용해서 예로부터 많은 양의 물건을 싼 비용으로 옮길 수 있었답니다. 그런데 요즘에는 기차와 자동차, 그리고 항공기의 발달로 배를 이용해 여행을 하는 사람의 수와 옮기는 물건의 수가 많이 줄었어요. 하지만 운반해야 하는 물건의 양이 많거나 거리가 먼 경우에는 아직도 배를 많이 이용해요. 그럼 지금부터 물 위에서 움직일 수 있는 교통수단인 배에 대해서 자세히 알아볼까요.

배가 물에 뜨는 원리

배를 만들 때 가장 중요한 점은 배가 가라앉지 않고 물에 떠야 한다는 거예요. 최초의 배는 커다란 나무를 파서 만든 통나무배와 나무·대나무·풀

등을 나란히 놓고 묶어서 만든 뗏목이었어요. 물에 쉽게 뜨는 나무의 성질을 이용해서 배를 만들었지요.

뗏목은 도로가 발달하지 않아서 육지로 물건을 옮기는 방법보다 물길로 옮기는 방법이 효과적이었던 시대에 사용되었어요. 오늘날 뗏목은 주로 목재를 운반하는 일에 사용되었지만, 배가 통과할 수 없는 산골짜기 시냇물에서는 교통수단으로 쓰이기도 해요. 뗏목의 종류로는 하천에서 목재를 운반하기 위해 쓰이는 나무로 된 뗏목과 중국에서 볼 수 있는 대나무로 된 뗏목, 남아메리카와 이집트에서 볼 수 있는 풀로 엮은 뗏목 등이 있답니다.

수압

물의 무게에 의한 압력을 말합니다. 물속의 한 점에서는 전후좌우·상하의 모든 방향에서 같은 세기의 힘이 미칩니다. 그 크기는 물의 깊이에 따라 달라지는데 물의 깊이가 깊어질수록 수압도 늘어납니다. 또한 물의 일부에 압력이 가해지면 그와 같은 크기의 압력이 각 부분에 가해집니다.

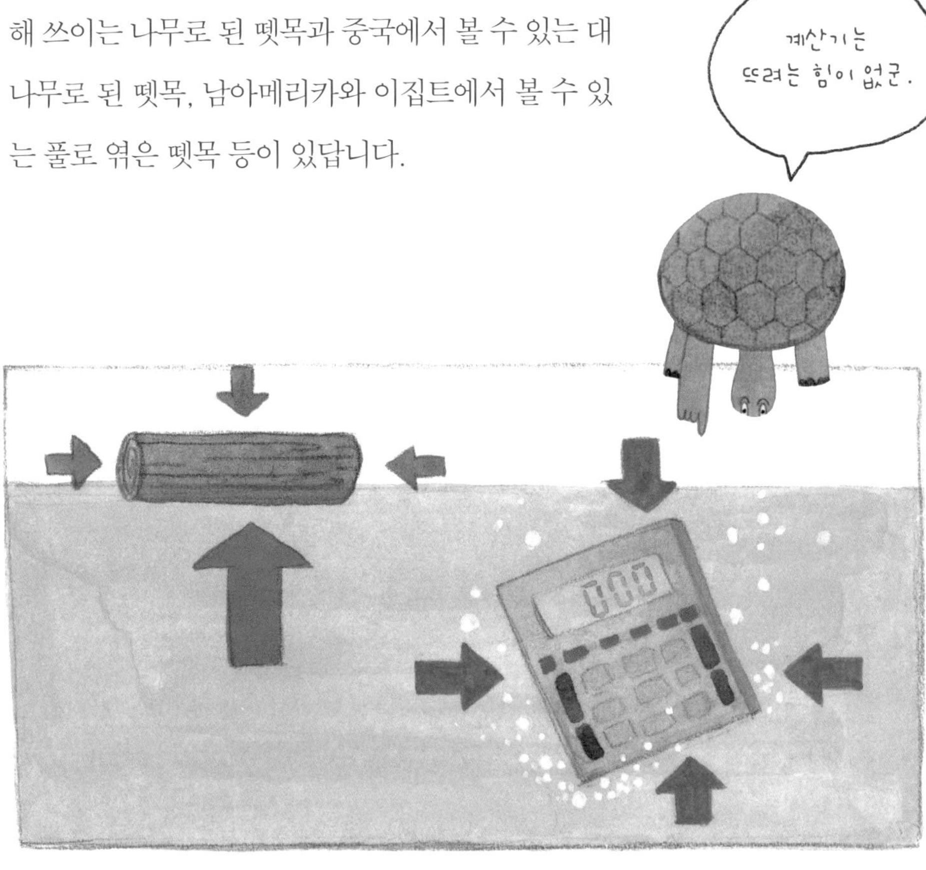

물속에 물체를 넣어 보세요. 어떤 물체는 물 위로 뜨지만, 어떤 물체는 뜨지 않는다는 사실을 알 수 있을 거예요. 이때 잠겨 있는 물체에는 여러 방향에서 수압이 작용해요. 물체에 작용하는 여러 방향의 힘 중에서 아래에서 위로 향하는 힘, 즉 뜨려는 힘을 '부력'이라고 해요. 부력은 중력과 반대 방향의 힘이지요.

물체는 물속에서 물체의 부피와 같은 부피의 물만큼 부력을 받아요. 만약 물체의 무게가, 즉 물체에 작용하는 중력이, 부력보다 크다면 물체는 가라앉게 돼요. 반대로 부력이 물체의 무게보다 크다면 물체는 물 위로 뜨게 되지요.

그리고 물체가 물 위에서 움직일 때는 물을 밀어내면서 움직여요.

물 위를 움직이는 배는 이 두 가지 원리를 모두 이용한답니다. 배의 밑바닥은 물속에서 차지하는 부피가 크면서도 물살을 바깥으로 잘 밀어낼 수 있도록 만들어져요.

강철판의 비밀

그렇다면 배는 무엇으로 만들어졌을까요? 예전에는 배를 나무로 만들어서 비교적 가까운 거리를 이동하는 데 사용했어요. 하지만 나무로 만든 배를 타고 멀리 떨어져 있는 다른 나라로 이동하기에는 무리가 있었어요. 그래서 과학자들이 물체의 부피와 그에 해당하는 물 무게의 관계를 계속 연구하여 철로 큰 배를 만들었어요.

배를 만드는 강철판은 밀도가 매우 크답니다. 그래서 강철판을 물에 집어넣으면 곧장 가라앉고 말 거예요. 하지만 배는 강철로만 이루어지지 않아요. 내부에 아주 커다란 공간을 만들어서 공기가 공간을 채울 수 있도록 한답니다. 공기의 밀도가 물의

밀도

어떤 물질의 단위 부피만큼의 질량으로 물질마다 고유한 값이 있습니다. 단위는 g/mL, g/cm^3 등을 주로 사용합니다. 일반적으로 고체 상태의 물질은 분자들이 매우 빽빽하게 모여 있어서 밀도가 큽니다. 액체 상태의 물질은 고체 상태의 물질에 비해 분자 간의 거리가 멀어서 좀 더 큰 부피를 차지하며, 고체보다 밀도가 작습니다. 기체 상태의 물질은 분자 간의 거리가 매우 멀어서 같은 수의 분자가 차지하는 부피가 고체나 액체에 비해 훨씬 큽니다. 그래서 밀도가 매우 작은 편입니다. 한편, 압력이 높으면 부피가 작아져 밀도가 커집니다.

밀도보다 작은 성질을 이용하여 강철과 공기의 밀도를 합쳐 물의 밀도보다 작아지도록 계산하여 배를 만들지요. 이렇게 밀도를 치밀하게 계산하여 배를 설계하면 배는 물에 뜰 수 있게 된답니다. 밀도를 계산하여 배를 만드는 사람들은 정말 똑똑하지요?

밀도 비교
강철+공기 < 물

그런데 이렇게 만든 배에 사람을 태우고 짐을 가득 싣는다면 어떻게 될까요? 사람과 짐 때문에 밀도가 커져서 배가 가라앉게 되지 않을까요? 그래서 배를 만들 때는 사람과 짐을 가득 실은 상태를 가정하고 밀도를 계산하여

여객선은 사람과 짐을 실었을 때의 밀도를 미리 계산하여 설계된다.
ⓒ Jüri Kaljundi@the Wikimedia Commons

잠수함은 바닷물을 채우거나 버려 물 위와 물속을 움직인다.

설계를 한답니다. 따라서 빈 배가 물 위를 이동할 때보다 사람과 짐을 가득 태운 배가 이동할 때에 물속에 잠기는 배의 부분이 더욱 많아집니다.

잠수함의 비밀

그런데 배들 중에는 물 위와 물속을 모두 다닐 수 있는 신기한 배도 있어요. 바로 잠수함이랍니다. 잠수함이 물 위와 물속을 모두 다닐 수 있는 비결은 무엇일까요? 잠수함에는 물을 저장해 놓을 수 있는 커다란 통이 있어요. 이 통에 바닷물을 채우거나 버림으로써 물 위와 물속을 오갈 수 있답니다. 잠수함이 물속으로 가라앉을 때는 이 통 속에 바닷물을 채워요. 그러면 잠수함의 무게가 늘어나서, 늘어난 무게만큼 잠수함이 물속으로 가라앉게 된답니다. 원하는 깊이까지 내려오면 밸브를 잠가서 물이 통 속으로 더 들어오지 못하게 하면 돼요. 다시 물 위로 떠오를 때는 압축 공기를 물통 속으로 내뿜어서 통 속의 물을 밖으로 뽑아내요. 그러면 뽑아낸 물의 무게만큼 잠수함의 무게도 가벼워져서 잠수함이 다시 떠오르게 되어요.

잠수함이 바다 위로 올라와 있으면 물통 안에 있는 바닷물을 버렸다는 뜻이야.

TIP 요건 몰랐지?

유레카

배가 물에 뜨는 원리인 '부력'을 발견한 사람은 고대 그리스의 과학자 아르키메데스예요. 그 시절 그리스는 '히에론' 왕이 통치하고 있었어요. 그런데 사람들 사이에서 왕이 쓰고 있는 왕관이 순금이 아니라는 소문이 돌았어요. 그 소문을 들은 왕은 불같이 화를 냈답니다. 하지만 왕관이 순금인지 아닌지는 확인할 방법이 없었어요. 그래서 히에론은 과학자 아르키메데스를 불러 왕관이 순금인지 아닌지를 알아내라고 명령했습니다. 아르키메데스는 히에론이 지정한 날짜는 다가오자, 증명할 방법은 없어 매우 고통스러워했어요. 그래서 잠시 머리를 식히기 위해 목욕탕에 들어갔어요. 아르키메데스가 욕조에 들어간 순간 욕조 안에 있던 물이 밖으로 흘러내렸어요.

그때 아르키메데스가 소리쳤어요. "유레카! 그래. 이거야!" 너무 기쁜 나머지 그는 자신이 벌거벗은지도 모른 채 거리로 뛰어나가 왕에게 달려갔어요. 히에론 왕에게 달려간 아르키메데스는 물이 가득 담긴 큰 그릇 두 개와 왕관과 같은 무게의 순금을 준비해 달라고 하였어요. 그리고 각각의 그릇에 왕관과 순금을 넣었어요. 넘친 물의 양이 같다면, 왕관이 순금으로 만들어졌다는 논리였어요. 금에 다른 금속을 섞어 왕관을 만들었다면 밀도가 달라서 부피가 다를 테니까요. 실험 결과, 두 그릇에서 넘친 물의 양은 달랐어요.

아르키메데스는 목욕하면서 부력을 발견했어.
나도 목욕탕에서 공부해 볼까?

'유레카' 라는 말을 들어보았나요? 아르키메데스가 외친 '유레카' 라는 말은 그 뒤로 새로운 발견이나 위대한 발명을 설명할 때에 자주 사용된답니다.

하늘을 날아요

지금까지 육지와 물에서 이동하는 교통수단을 살펴보았어요. 그런데 사람들은 하늘을 통해 이동하기도 해요. 옛날부터 사람들은 날아다니는 새를 보며 새처럼 하늘을 날고 싶다는 생각을 했답니다. 그래서 하늘을 날아 이동하는 수단을 연구하기 시작했어요. 끊임없는 연구 결과 열기구, 행글라이더, 비행기 같은 도구를 만들어 냈지요.

그 덕분에 사람들은 지구 반대편에 있는 나라에도 비행기를 이용하여 한 번에 이동할 수 있게 되었답니다.

열기구

열기구는 커다란 풍선에 바구니가 달린 모양입니다. 이 풍선의 아래에는 구멍이 있어요. 이렇게 커다란 풍선이 하늘을 날기 위해서는 어떤 힘이 필요할까요?

열기구의 풍선, 즉 공기 주머니의 아래에 있는 구멍에 불을 지피면 풍선 안의 온도가 올라가요. 온도가 올라가서 뜨거워진 내부의 공기는 점점 팽창하여 풍선을 부풀어 오르게 하지요. 팽팽하게 부푼 풍선은 하늘로 올라가 바람의 흐름에 따라 움직일 수 있게 된답니다. 뜨거운 공기는 차가운 공기보다 밀도가 작아서 가벼워요. 그래서 하늘로 올라갈 수 있어요.

풍선 안의 온도가 오르면 공기가 팽창하여 풍선이 부푼다.
ⓒ Igors Jefimovs@the Wikimedia Commons

가스 기구

가스 기구는 열기구보다 더 큰 풍선에 바구니가 달린 모양이에요. 이 풍선의 내부는 헬륨 가스로 채워져 있어요. 헬륨 가스는 공기보다 가벼워서 하늘을 날 수 있게 해 준답니다. 이 풍선에는 모래주머니가 들어 있어요. 올라갈 때는 모래주머니를 던져서 풍선과 바구니의 무게를 가볍게 만들어 주면 돼요. 그러면 내려올 때는 어떻게 해야 할까요? 이미 던져 버린 모래주머니를 다시 매달 수는 없잖아요. 내려

공기보다 가벼운 헬륨 가스를 이용하는 가스 기구.
ⓒ Variraptor@the Wikimedia Commons

갈 때는 조종 장치를 이용하여 풍선 내부에 있는 헬륨 가스를 조금씩 내보내면 돼요. 공기보다 가벼운 헬륨 가스가 줄어들면 어느새 천천히 기구가 아래로 내려가게 될 거예요.

복합형 기구

복합형 기구는 이름과 같이 열기구와 가스 기구를 조합해서 만든 기구입니다. 두 기구의 장점을 살려서 풍선 내부의 헬륨 가스와 풍선 아래 열 장치를 모두 이용하지요. 그래서 더욱 먼 거리를 이동하는 데에 사용할 수 있어요. 복합형 기구를 타고 장거리 여행을 한다면 색다른 재미를 느낄 수 있겠지요? 하지만 실제로는 기구를 사용하는 비용이 많이 들어서 교통수단보다는 스포츠 비행용으로 많이 쓰이고 있어요.

헬륨

헬륨은 공기 가운데 아주 적은 양이 들어 있는 기체입니다. 색깔도 없고 냄새도 없으며 수소 다음으로 가볍습니다. 풍선에 들어가는 기체나 냉매 등으로 쓰입니다.

비행기

비행기는 하늘을 날아 우리를 다른 대륙 또는 다른 지역으로 빠르게 이동시켜 주는 교통수단이에요. 비행기는 어떤 과학적 원리로 하늘을 날까요?

비행기는 날개의 힘과 중력이 평형을 이루게 한 뒤, 뉴턴의 제1 운동 법칙인 관성의 법칙을 이용하여 하늘을 날아요. 관성의 법칙은 물체에 외부의 다른 힘이 작용하지 않는다면 물체의 운동 상태는 변하지 않는다는 법칙이에요. '운동 상태가 변하지 않는다.'라는 말은 정지해 있는 물체는 계속 정지해 있고, 일정하게 움직이는 물체는 계속 일정하게 움직인다는 뜻이에요.

하늘을 나는 동안, 비행기에는 여러 방향에서 힘이 발생해요. 먼저 비행기의 양 날개에서는 '양력'이라고 하는 힘이 발생해요. 또 지구의 중력도 작용하지요. 양력과 중력은 반대로 작용하는 힘이에요.

또 비행기는 하늘을 날때, 주변 공기의 압력으로 '항력'이라는 힘을 받아요. 항력은 비행기가 앞으로 나아가지 못하게 막는 힘이에요. 마지막으로 비행기의 엔진에서는 프로펠러를 회전시키거나 가스를 분사시켜서 '추력'이라는 힘을 만들어내요. 항력과 추력은 반대 방향으로 발생하지요.

비행기가 하늘을 날고 있고, 양력·중력·항력·추력이 평형을 이루고 있다면 어떨까요? 비행기는 같은 높이에서 같은 속도로 앞으로 나아가게 된답

세 가지 운동 법칙을 만든 아이작 뉴턴.

아이작 뉴턴
Isaac Newton, 1642~1727

영국의 물리학자·천문학자·수학자이자 근대 이론과학의 선구자입니다. 수학에서는 미적분법을 만들었고 물리학에서는 뉴턴 역학을 확립했지요. 또한 뉴턴 역학에 표시한 수학적 방법은 자연과학의 모범이 되었습니다.

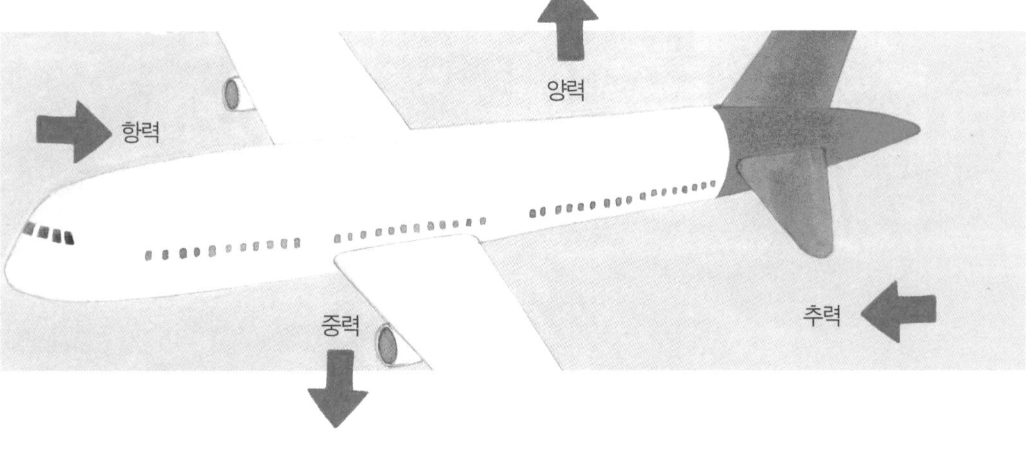

니다. 바로 관성의 법칙 때문이지요. 하지만 항력과 추력이 평형을 이루지 않다면 어떻게 될까요? 비행기는 속도를 점점 높이는 가속을 하거나 반대로 속도를 점점 줄이는 감속을 하게 된답니다. 또 중력과 양력의 평형이 깨질 때는 고도를 점점 높이는 상승을 하거나 낮추는 하강을 하지요. 비행기 조종은 이러한 힘의 균형을 알고 그 힘을 자유자재로 조종하는 것이에요.

중력

질량이 있는 모든 물체 사이에는 서로 끌어당기는 만유인력이 작용합니다. 지구도 예외가 아닙니다. 이때, 지구가 물체를 잡아당기는 힘을 '중력'이라고 합니다. 중력이 있어서 우리는 공중에 떠다니지 않고 땅에서 생활할 수 있습니다.

TIP 요건 몰랐지?

우리도 하늘을 날 수 있어요

환자 수송, 방송 보도 등 다양한 목적으로 사용되는 헬리콥터.
ⓒ borsi112@the Wikimedia Commons

스포츠용으로 사용되는 행글라이더.
ⓒ Ron Lutz II@the Wikimedia Commons

기구와 비행기 이외에 하늘을 날 수 있는 다른 교통수단에는 무엇이 있을까요? 텔레비전이나 영화, 혹은 실제로 여러분이 본 교통수단을 모두 떠올려 보세요. 낙하산, 행글라이더, 헬리콥터, 전투기, 로켓 등 아주 다양하지요.

이러한 교통수단은 일반적으로 사람이 이동할 때 이용하는 대중적인 교통수단보다는 스포츠용, 군사용, 우주 탐사용 등의 특정한 목적으로 쓰이고 있어요. 하지만 목적이 다르다고 해서 교통수단이 아니라고 말할 수는 없어요. 하늘을 날아 이동할 수 있게 해 주므로 모두 교통수단에 포함되어요.

Q&A 꼭 알고 넘어가자!

문제 1 썰매는 어떠한 과학 원리를 이용하여 움직일까요?

문제 2 강철로 만든 무거운 배가 물속으로 가라앉지 않고 물 위에 뜰 수 있는 이유는 무엇인가요?

3. 비행기는 뉴턴의 제1 운동 법칙, 즉 관성의 법칙과 비행기에 작용하는 양력·중력·항력·추력의 평형을 이용하여 하늘을 날아요. 하늘을 나는 동안에 비행기에는 여러 방향에서 힘이 발생하지요. 비행기의 양 날개에서 발생하는 양력, 지구의 중력, 비행기가 앞으로 나아가지 못하게 막는 항력, 엔진에서 발생하는 추력 등이 그것이에요. 비행기가 하늘을 날 때, 이 네 가지 힘이 평형을 이루면 비행기는 같은 고도를 같은 속력으로 날게 된답니다. 바로 관성의 법칙 때문이지요. 그렇지 않고 평형이 깨지면 비행기의 속력이 빨라지거나 느려지고, 고도가 높아지거나 낮아지게 된답니다.

문제 3 비행기는 어떻게 하늘을 날 수 있나요?

정답

1. 썰매는 과학의 원리인 작용–반작용의 힘과 마찰력을 이용해서 움직여요. 작용–반작용의 법칙은 두 물체가 서로 힘을 주고받을 때, 한쪽 물체가 받는 힘과 반대쪽 물체가 받는 힘의 크기는 같고 방향은 반대가 된다는 원리를 뜻한답니다. 이 힘이 물체의 평형을 이루게 하지요.

2. 물에 잠겨 있는 물체가 위로 뜨려는 힘을 '부력'이라고 해요. 물체의 무게가 부력보다 작다면 위로 향하는 힘이 커져 물체는 물 위로 뜨게 되지요. 또 물체는 물을 밀어내면서 움직여요. 배는 이 두 가지 원리를 모두 이용하여 만들어요. 배의 밑바닥은 물속에서 최대한 큰 부피를 지니면서도 물살을 잘 밀어낼 수 있도록 만든답니다.